与光同行

聆听女性的声音

卢飞霞◎主编

ZHEJIANG UNIVERSITY PRESS
浙江大学出版社
·杭州·

图书在版编目（CIP）数据

与光同行 ：聆听女性的声音 / 卢飞霞主编.
杭州 ：浙江大学出版社，2025. 2 （2025.7 重印）.
ISBN 978-7-308-24771-9

Ⅰ. B825.5-49

中国国家版本馆 CIP 数据核字第 2025L2J660 号

与光同行：聆听女性的声音

卢飞霞　主编

策划编辑	吴伟伟
责任编辑	马一萍
责任校对	陈逸行
封面设计	雷建军
出版发行	浙江大学出版社
	（杭州市天目山路 148 号　邮政编码 310007）
	（网址：http://www.zjupress.com）
排　　版	杭州浙信文化传播有限公司
印　　刷	杭州宏雅印刷有限公司
开　　本	710mm×1000mm　1/16
印　　张	15.75
字　　数	208 千
版 印 次	2025 年 2 月第 1 版　2025 年 7 月第 4 次印刷
书　　号	ISBN 978-7-308-24771-9
定　　价	68.00 元

序

在我们这个变革与进步交织的时代，女性的力量无疑是推动社会发展的重要引擎。无论是在职场、家庭，还是在社会的各个角落，众多女性以其坚韧的精神和卓越的能力，展示出无尽的智慧与潜力。继《向光而行》之后，《与光同行》继续延续对女性力量的礼赞，记录了女性在追求自我实现过程中所经历的挑战与成长，激励更多女性心中有光，勇敢前行。

作为浙江大学分管学生工作的党委副书记，同时也作为一名女性，我欣喜地看到我们培养的女大学生和女性校友以"巾帼不让须眉"之姿活跃在社会的各个领域。她们有的投身于科技前沿，推动技术创新；有的扎根基层一线，促进社会治理；有的在企业中担当重任，助力经济变革……奋斗的人生最美丽，她们用实际行动交出了令人满意的人生答卷。丰硕育人成果的背后离不开教育的辛勤耕耘，在浙江大学，我们始终高度关注女大学生的成长与发展，围绕"德才兼备、全面发展"的核心要求，稳步推进以学生成长为中心的卓越教育体系建设。我们"十年磨一剑"，结合时代需要和女大学生成长发展需求，连续十年致力于加强女性职业特质研究与发展中心建设，打造女大学生领导力提升培训班等品牌活动，在培养女大学生树立远大理想、锤炼高尚品质、塑造独立人格、追求有趣灵魂方面做了大量卓有成效的工作。

教育不仅仅是知识的传授，更是心灵的启迪和视野的拓展，《与光同行》

一书是对过去十年育人成果的凝结和回顾，更是对未来女性教育使命的思考和探索。在这本书中，我们可以目睹到中心曾经邀请过的来自各行各业的优秀女性，她们毫不吝啬地分享自己的成功历程和人生体悟，剖析女性在职场、社会和家庭中的多重角色，遭遇的种种挑战，以及她们给出的解决方案。她们的故事充分展示了当代女性在奋斗过程中展现出的担当与才华，如同指路明灯，为更多女性照亮前行的道路。

书中还收录了浙大的女性师生、校友对当前热门话题的深刻探讨。她们精准捕捉女性，尤其是女大学生在成长旅途中经历的迷惘与困惑，如职业规划的抉择、身心健康的探讨、亲密关系的构建等紧贴当代女性成长脉搏与迫切需求的话题。在这些篇章里，她们不仅提供了理论层面的深刻剖析，更辅以生动实例，为读者奉上了兼具启发性和操作性的建议与指引。

"妇女能顶半边天"，这句话在当今时代得到了充分的印证。作为一位深耕高校教育领域的工作者，我坚信社会的进步与发展离不开女性的智慧与力量。我也衷心希望这本书能成为每一位女性的良师益友，伴随大家在追寻梦想的道路上坚定前行，也希望越来越多的人能够关注女性成长，为女性的发展创造更加良好的环境。愿大家能从这些满载智慧与勇气的分享中汲取力量，获得灵感，勇敢追求心中所爱，书写属于自己的人生篇章。

朱　慧

浙江大学党委副书记

前　言

法国思想家波伏娃曾在她的《第二性》中笔力尖锐地写下："男人的极大幸运在于，他不论在成年还是在小时候，必须踏上一条极为艰苦的道路，不过这是一条最可靠的道路；女人的不幸则在于被几乎不可抗拒的诱惑包围着；她不被要求奋发向上，只被鼓励滑下去到达极乐。当她发觉自己被海市蜃楼愚弄时，已经为时太晚，她的力量在失败的冒险中已被耗尽。没有哪条道路对女性来说是容易，然而，有些更艰难的横亘在我们前行的路上。"这本社会学著作首次出版于 1949 年，几十年来，这段醒世之言却仍然不断擂响着女性向上奋发的战鼓。

和系列的上一部文集《向光而行》一样，本书依然选择了引用这段经典作为全书起始，我们希望为女性开辟这条"最可靠的道路"。这一部书书名选作《与光同行》，与上一部《向光而行》相比，含义上可以理解为朝着光芒更靠近了一步，从追随者成长为了并肩者。这一方面寓意着经过十年的发展，浙江大学女大学生领导力提升培训班从最初的生涩创举不断成熟完善起来，留下了更多果实也吸引了更多伙伴，迎来了它青春的丰碑时刻；另一方面更寓意着我们社会日新月异地发展进步，思想加速碰撞与解放，无数前辈奋进与开拓，女性的"被看见"与"被正视"、"被尊重"与"被信任"都朝着更好的方向演进。所以在这部书中，我们不再强调我们能"仰望光""追寻光"，而是强调我们自己也能"成为光"。

这是一个崭新的昂扬的时代，但同时我们也要意识到——这并不意味着波伏娃所写的女性失败的冒险在当今已然终结，海市蜃楼已然散去，横亘在前行道路上的困境已然泯灭。"最可靠的道路"筑成了吗？显然，答案是我们还有很长的险隘要跨越。

以最贴近女性生活的例子而言：在第一部的序言中我们回望过新中国成立以来"女性能顶半边天"的妇女解放征程，20世纪50年代开始女性生产力就得到了极大释放，开放岗位，同工同酬……可到如今21世纪的第三个十年，我们能够无视就业市场上仍然存在着对性别或讳莫如深或明目张胆的偏见吗？对女性终将回归家庭的默认预设，若是来自经验性概率，那么这种经验性概率的部分成因是否正是这种社会预设本身？这样因果循环的悖论，正是女性面临的最无奈的茧房——总有良言劝慰你松开话筒归于幕后，你真的听信了之后这些声音却又倒戈作"你看，你们本来就是这样"，于是你被浇灭的事业心反而又成为助燃这把"客观"之火的薪柴。

无论涌现出多少杰出的女性，或许我们在可见的数十年里都依然无法扭转沿袭千年的社会分工遗留的成见，但风起于青萍之末，浪成于微澜之间，我们每一份微不足道的驻守，都会为女性在这社会上划出一寸疆场。胡适先生说："真理无穷，进一寸有一寸的欢喜。"在此将这"一寸"化用——我们的每一寸都珍贵。

所以第一部"向行"的前言，核心是"卓越"是"勇气"是"不给自己设限"；但这一部"同行"的前言，想表达的核心是"自信"是"坚守"是"留在牌桌上"，鼓励女性留在社会的牌桌上，才能够不失去个体或者群体的话语权。如前言所述，我们不仅能"仰望光""追寻光"，自己也能"成为光"。那么，什么是"成为光"？

希冀每一位女性都成为光芒万丈、敢为人先的女性偶像是不切实际的口号，因为大多数的我们都是如此平凡，在生活的泥沼里挣扎向上，所以这里的"成为光"，意思正是"留在我们自己的牌桌上"。无论在什么领域，什么行业，什么地位，我们女性都作为社会的一分子发光发热着，不放弃、不依附、不下坠，我们创造着价值，我们看见我们彼此的价值，我们给予自己被尊重、被认可、被信任的底气。这就是光，不止万丈群星是光，萤火亦能为迷失的人照亮前路。

你、我、她，每一个渺小的我们都能成为这样的光。

本书各篇作者邀请到的优秀女性来自各个领域，她们讲述的人生故事、漫谈体会，都让我们看到女性能够创造的社会价值、自我价值。这种价值感不分高低，都是具有感染力的，她们不在遥远的高处，她们正在咫尺的肩畔，与我们同行。除了优秀的女性嘉宾，我们的女大学生们也在成长过程中思考对自我发展的预期、对人际交往的认识、对性别议题的省思。这些宝贵成果与嘉宾的分享一并构成了这本《与光同行》。

与君共飨。

在象牙塔之外，特立独行的启示箴言总被淹没于庸庸众口，或许很多女性终其一生都无人为其摇旗呐喊，希望这本书能将这真挚的呼唤和温柔的鼓舞印作信札，带出象牙塔，送抵更多女性身边。

她说：不仅愿你婷婷，更愿你铮铮。

目 录

第辑

一种声音

当今的年轻人常常喜欢引用一句话，叫作"听了许多道理，仍然过不好这一生"——但我们仍然要听。要常常保持灵魂的开放和通达，让无数声音如清风或疾风涤荡我们的思想，或许这依然无法保证我们过好这一生，但起码能够让我们在社会复杂的孔穴中探知前路，何处风声传来，更像是开阔的朝向。

对于在过去千百年父权社会中被长久"噤声"的女性，如今能够被听见的"声音"就显得更加重要。我们从无数女性呼喊的声音、劝诫的声音、宽慰的声音、鼓舞的声音……各种各样的声音之中汲取力量，获取信念。这些声音密密织成一张网，打捞起女孩儿们时而漂荡的信心。

在本章中发声的女性，有科研一线的将型学者，有扎根基层的党政干部，有声名斐然的主持人……她们有的话语锋利，有的话语柔软，有的话语热切……我要听，听她们的故事，听她们的心路，听她们的经验，听她们的体悟，从而知晓前往那里的道路有什么险阻，让我整备行装；这些声音不仅告诉我那里的风景值得攀登，更让我笃定了前行的脚步。

全媒体时代的镜头前沟通能力

敬一丹

我曾经特别缺少性别意识，因为从小没有人给我灌输过性别意识的观念，后来很长时间内，我都对性别、年龄等话题有一种钝感，而且我的工作场景也不需要我特别在意年龄和性别。

我当选全国政协委员后，恰好在妇联界别。我走进会场一看，所有人都是让人仰望、受人尊敬的女性，这里面有将军、医生、建筑师、艺术家、大学教授，等等。就是在担任政协委员的十年经历中，我慢慢有了性别意识。

当我有了性别意识后，我就有了更多的自觉。比如面对这复杂的世界，有时候需要我们用女性的目光去看、去思索，从女性的角度去发声。所以我想谈谈全媒体时代的媒体沟通能力，特别是镜头前沟通能力。

一、以视频为主的全媒体时代

很多人认识我是从《焦点访谈》《感动中国》两档节目开始的，在他们上中学的时候，语文老师可能曾让他们背诵、朗读或者学习拟写《感动中国》的颁奖词。以前，电视是第一媒体；后来，媒体环境变了，新媒体出现了，以一种不可抗拒的力量改变着整个媒体的格局。

怎么形容今天的媒体环境呢？可以叫它全媒体。在被全媒体包围的情况下，我们有没有能力和媒体打交道？能不能在镜头前交流？在镜头下谈话是一种挑战性很强的沟通场景。"无视频不媒体"，曾经，说到镜头只是指电视；如今，我们说镜头，绝不仅仅指电视。虽然很多人不看电视了，但在不知不觉中却经常通过新媒体和镜头打交道。连最传统、最资深的纸媒，现在也在积极运用着镜头。例如，纸质的《人民日报》每日发行几百万份，它的新媒体平台则覆盖了几亿人，更多的年轻人是通过新媒体的方式接触到《人民日报》的。我参观人民日报社的新媒体机构，感觉那里像一所学校，里面全是年轻人，同时又觉得像电视台，或者是广播电台。演播室里所有的场景都和我工作的地方很相似，到处都是镜头。几乎所有的媒体都有视频，比如中央人民广播电台的新媒体叫"云听"，其实不只是听，还有画面。我曾经和他们合作做了一个节目，要做成音频、视频两种方式。传统媒体有视频，新媒体有视频，视频无所不在。这都还是主流媒体，自媒体更是如此。可以说，镜头无处不在。所以，当无处不在的一种存在就在我们身边的时候，我们是不是得琢磨一下怎么和它打交道？

二、和媒体打交道是一种刚需

有人说"我不和你们媒体打交道"，甚至有的人特别害怕媒体监督，会说"防火防盗防记者"，尤其害怕负责舆论监督的记者。可是对不起，你不和镜头打交道，镜头却会主动"找到"你，媒体记者也会"找到"你。在人人皆可传播的时代，就算是马路上发生了一件不大不小的事，人们都会在围观的时候极其自觉地拿起手机。他们也许没有学过传播学，但是他们天然具备传播的热情。学新闻的同学注重强调传播意识和传播能力，而网友们却无师自通。在这个时代，大众自然而然都拿起镜头，这就是我们今天所面对的全媒体。

所以，我们能躲开媒体吗？躲不开的，这是一种刚需。为什么说它是刚需，有几个理由。

一是我们赶上了媒体空前发达的时代。国家层面的自上而下的信息公开是从 2003 年的非典之后开始的。非典时期，信息不够公开、不够透明让我们付出了代价。从那之后，我们开始建立中国的新闻发言人制度，信息公开从而有了保障，而且是制度上的保障。从此，有关信息公开的政令一次比一次有力度，这就是一种刚性的要求。当事件发生的时候，确保信息公开也成为一把手的责任。例如，杭州举办亚运会时，大家看到频繁的信息发布会，就是一种刚性要求。

二是基于公民意识。公民有知情权、参与权、监督权，当信息不公开的时候，公民有权利要求公开信息。信息公开是自上而下的要求，而公民意识是自下而上的要求，这是上下两种力量的汇合。

三是人们要和媒体打交道，要和公众沟通，这是躲不开的。社会的大机器每天在运转，做信息发布的人更像是一个重要的齿轮和一颗螺丝钉，是必不可少的，否则社会将不能顺畅运行。当你担当了一定的社会角色，你就有义务开展信息公开工作，这也是刚需。

四是如今与传播相关的科学技术的发展超出我们的想象，它为实现媒体最大限度的覆盖和传播创造了良好的物质条件。

这些条件综合在一起，让我们意识到，和媒体打交道、和镜头打交道，是现在和未来的一种刚需。

三、"媒商"

要和媒体、镜头打交道，就涉及一个词——"媒商"。我们听说过智商、情商，那么"媒商"是什么呢？"媒商"是指和媒体打交道的能力。有的人天生就有很强的沟通欲望和沟通能力。比如，有的人天生自来熟、天生人来疯、天生是"社牛"，他们和人打交道的时候很自如、很快乐，他们也通常会受到周围人的喜欢，能够高效地和人沟通。但当我们不具有先天的沟通能力的时候，当我们的职业、我们的社会角色需要我们去沟通的时候，我们能不能补上自己的短板？这需要我们在成长过程中培养一种自我认识的素养，即"媒商"。

小的时候，我也不知道自己善于做什么，我只知道学数理化比较吃力。比如化学，我曾经得过40多分，直到化学课结束了，我还弄不懂元素周期表是什么意思。当我把居里夫人的照片挂在墙上的时候，觉得非常美好，我懂得欣赏这个人，却不懂得她的学问。我知道，我不可能成为科学家，那我能成为什么呢？我一看到机器按钮就打怵，也不可能去学工科。但说话的时候我是自如的，和人打交道的时候我是挺有好奇心的，我想我可能就适合做和人打交道的工作。比如教师，我当过一段时间的老师；再比如播音员、记者、主持人。这就是对自己先天的一种认识，以及后天的一种方向的选择。

当我们认识到了自己的先天和后天的条件，再以专业的标准来要求自己的时候，就能自然而然地成为社交能力、沟通能力很强的人吗？不一定。因为我们现在说的"媒商"不仅仅是日常的人际交流，还得用媒体的方式和更多人交流，要学会运用媒体。媒体是个工具、是种渠道，我们对这个工具、这种渠道有没有把握的能力？是不是善于应用？我们要用更专业的标准来要求自己，使自己成为一个具备高"媒商"的人。

四、镜头前的状态

和媒体打交道有很多种方式，比如一个人接受纸媒、广播电视的采访。接受纸媒采访，不会有太大压力，在现场采访后，他可以检查、校对稿子，可以进一步修改和润色。至于广播，只是面对听筒说话，也不会形成特别大的压力。但镜头是改变谈话场的，在镜头前，能不能像平时谈话那样保持一种很自在的状态很重要。这就是为什么很多人不怕纸媒，但怕镜头。在镜头无所不在的环境里，我们就得学习怎么和镜头打交道，这就涉及一个词——状态。

在报纸是主流媒体的年代，我们可以不谈这个话题。但是如今是全媒体时代，我们就要经常面对状态这个话题。比如，我去采访各色人等的时候，特别在意对方的状态。状态是什么？它好像看不见摸不着，但是大家一定深有体会，比如面试的时候就能体会到什么是状态。当你做了充分的准备，可以说今天状态很好，发挥得很好；但如果当时没有状态，面试表现就会打折扣。

状态既是心理的也是生理的。一个人状态好不好，我们是能看出来的。假如你内心有一百只小鹿在跳动，我们可以通过你僵硬的面部肌肉、拘谨的举止判断出来。

"手足无措"这个词怎么来的？就是内在非常紧张的时候，不知道手往哪放，不知道该说什么。我经常在采访现场看到被采访者手没地儿放，就能深深理解"手足无措"这个词。我曾经接触过一个企业家，他站在那儿的时候前面没有遮挡，给了他很大压力。他的手没地方放，背在身后不合适，插在兜里更不合适，他只能摆弄他的手，结果更显得手足无措。他知道接下来要谈什么，但状态影响了他，使得他不能自若地交流。这时候就得想个办法改变这种情况。这时，我就拿出一支笔放在他的手上（或者可以理解为把他的手放在笔上），他终于知道手该干什么了，就不用再纠结手是放在后面还是放在前面。所以，状态是外在还是内在的呢？我认为，它是内在的一种外化。

我作为主持人在面对采访对象的时候，有调整双方状态的责任。相反，当我们要作为接受采访的对象时，也要有心理调适能力，把自己调整到最好的状态。怎么调整呢？我们可以用这样一种方式来问自己。

首先，理想的状态应该是怎样的？是积极而放松的。积极得先有欲望。我们在采访一些政府工作人员的时候，他们的表达有时是被动的，并不是主动的。一个人想说话和不想说话的状态是不一样的。想说话的人充满了沟通的欲望、热情和说服力。主动要为你解疑，要影响你，这是积极；而被迫完成任务，就是不积极。

除了积极，还要放松。积极是好事，但太积极就是亢奋，这也不是常态。亢奋会给别人带来一种压迫感，未必能使内容得到有效表达。那什么是放松呢？保持弹性，保持控制力。当不能调整自己的时候，一个人就不是放松的。比如，最初我作为经济节目的主持人在主持一个财经方面的知识大赛时，因为所有的选手都来自专业领域，全场只有我是外行，我从头到尾非常紧张。所以我拿着卡片念题的时候，只能照本宣科，勉强地把它读完。甚至，在读一道题的时候，我直接把答案读出来了，关键是我根本就没意识到，太尴尬了，只好弄一个备用题目放进去。幸好是录播，所以全国电视观众没看到我是怎么露怯的。但这件事让我思考，是什么原因使得我说错话了都不自知呢？我觉得不是口齿问题、理解问题，而是状态问题。因为过于紧张而失去了清醒自如的状态。

积极而放松，能让我们找到一个合适的度，这就是我们要的理想状态。用一句话形容这种理想状态，就是在镜头前比平时积极三分。如果你平时就是一个特别兴奋的人，保持这样就行了；如果你平时不是那么兴奋，那就需要比平时积极三分。我平时不是特别积极的人，但是，这么长时间的实践让我养成了一种职业感。一面对镜头的时候、一面对话筒的时候、一面对观众的时候，我就能立刻积极三分，这是一种职业要求。但也要把握兴奋的尺度，比常态多三四分较适宜。

影响我们状态的因素有哪些？

首先是技术。电视台采访的时候，设备一出现就会给人一种特有的压力。灯光、音响、多机拍摄，这些技术因素会影响和破坏我们平常的谈话场。比如，你在跟这个人谈话的时候，如果前面有几台摄像机对着你们，会不会觉得它好像一个偷窥者，那黑洞洞的镜头就像一双眼睛，给你带来压力。谈话本来是两个人之间的，但由于"第三者"的出现就变得复杂了。比如，你走到电视台，在演播室多机位拍摄，在灯光照射又有观众的情况下，可能越发地会失去自如状态，因为影响你的因素太多了。

其次是记者。面对你的人是各种各样的，记者也不全是专业的。好记者会让你有讲述的欲望，因为他特别善于倾听，他提出的问题和你的思路是同频的，使得你更想讲，甚至触发了你的新思索。但是也有这样的记者，他可能刚从大学毕业，从来没有采访过法官，接到一个采访法官的任务，他得现学，但现学哪能学到那么地道的"法言法语"呢，可能一张口采访的时候就说错了。而法官说话是以严谨著称的，这个时候他可能就会判断这个记者太外行，不想跟他谈。还有，"我"跟他谈了以后，后期编辑会不会出错呢？他会不会把"我"说的最重要的信息漏掉呢？于是失去了对他的信任，影响了谈话的欲望。所以经验有限的记者会影响被采访者的发挥。还有的记者不是那么专业，甚至职业道德也很差，比方说他有意地激怒你，有意地将话题引导到一个不合适的方向。这样的记者会影响你的状态。还有的记者，虽然没有激怒你，但也导致你没有讲的欲望，也是不成功的。遇到这样的记者怎么办？要给记者纠正不准确的地方。内心要清楚知道自己想要表达什么，不管他问没问、怎样问，要明确自己这次和镜头打交道要表达什么。

三是自身层面。比如自己是否准备充分？准备好从提纲到有声语言的表达了吗？有没有进行一些演练？如果是很复杂的内容，有没有经过核实？一些敏感的说法有没有征询专业人员的意见？那些让你不太踏实的事都解决了吗？两会的早期新闻发言人，面对来自国内外众多的记者，他是怎样准备的呢？他是用高考的那种状态去准备的，是把工作班子封闭起来，走访各个部门，征集出二三百个问题，然后针对这二三百个问题都准备了成熟的答案。这就是新闻发布会的准备。正式新闻发布会的时候，可能只有二三十个问题，这样的比例才叫作真的准备好了。这种准备程度之下，我们才会看到两会新闻发言人行云流水般的回答。在特别有准备的新闻发言人面前，记者往往听着听着就被折服了。这么充分的准备、这么流畅的表达，就是非常好的状态，是充分准备了的结果。提前准备和演练都有助于保证自身状态。所以我们要问自己，真的准备好了吗？有上口练习过吗？

四是观众层面。有的人特别愿意在众目睽睽下说话，比如主持人就是这样。有的人就比较低调，众目睽睽会给他一种压力，这跟性格有关，也取决于我们是否善于把观众变成支持力量，甚至有人看到观众的眼睛的时候，就会感受到一种心理支持。比如在带有竞选意义的演说中或当众表达诉求的时候，我会在观众中寻找一个人，吸引他给我最大的目光支持。我经常看他，就会更有讲的欲望。如果他低头看别的，比如看手机，我就要调整自己，因为我说的内容肯定是失去吸引力了。

五、镜头前的语言

状态调整好了以后就要开口了。镜头前的语言或者话筒前的语言，有什么样的特点呢？我们从小到大都接受了严格的文字训练，好好写字是能做到的，但好好说话可以吗？我一直觉得每个人都有当众讲话的潜力，只不过没有机会罢了。

我曾经去过一所乡村小学。我问在场的学生，谁没有在学校台子上当众讲过话？我发现，一大片学生都没有过，只有少数的几个大队长、中队长、小主持人有机会上台讲话。我说："你们今天谁愿意在这儿，在自己的体验中扫除一个空白？"终于有个勇敢的男生走上来，我们在台上一起聊天。只要给他一个合适的话题，他就能表达。我为什么要这样做？我要告诉所有学生，每个人都有当众讲话的潜能。再来说说镜头前的语言。说人话、准确、金句、口语、官腔、套话、口耳相传……这都是我们在谈到语言的时候强调的几个关键词。

首先，口耳相传。镜头前我们说的话是用来听的，不是用来阅读的，不是说把适合阅读的文字念成有声语言就达到了口语交流的目的，要保持口语干净、准确、适合听。适合听的语言和我们读的文字语言有什么区别？比如，越有学问的人越容易用书面语言，因为书面语言准确。但书面语言有复杂的句式，有时候一句话三四行还没有结束，还有各种各样的修饰成分，听起来就很吃力。而听的语言，比如我们看电视的时候，经常处于无意注意状态，听的语言就要迅速被接收。什么样的语言能够迅速被接收？就是短句子、常用词。好像短句子、常用词显得通俗、不高级，但其实我们能把内容用短句子、常用词表达出来，就是一种能力，这是最容易从听觉上传达信息的方式。我们要有一种意识：说的话是用来听的。

那好好说话要怎么说呢？就是见什么人说什么话，这其实是一种能力。比如，你见到老师，见到同学，见到陌生人，见到不同行业的人，你说的话是一样的吗？有时候我们在面对镜头的时候，不管对面是什么人都用同一种方式说话，这其实是一种交流障碍。比如，你见到农民会怎么说话？见到山区的人会怎么说话？见到一个你特别敬仰的人，又会怎么说话？所以我们要有这样一种意识，见什么人说什么，而不是说出来的话都是书面语言、校园味道和公文味道。

涉及专业领域的那些话，我们还要有一种能力，就是"换句话说"的能力。这是一种翻译能力，一种深入浅出的能力。这种"翻译"不是把汉语翻译成别的语言，而是把我们的书面语言、官方语言、术语等生涩的概念换个通俗的说法。仔细观察现在的新媒体和自媒体，你会发现深受欢迎的这些人，是有这样的语言能力的，能够把书面化的语言转化成人们容易接受的口语。反倒是读了很多书的人不容易做到，所以我们要有这样一种意识。

六、副语言表达方式

副语言表达方式是指什么呢？就是有声语言外的视觉表达方式。当一个人很想交流的时候，从他的姿态是看得出来的。这种姿态是不是也是一种表达？

日常生活中，我们会很自然地运用副语言的表达方式，比如眼神、服饰、表情和举止。我们要有一种自觉，把平常生活中那些很自然的行为，慢慢变成一种自觉，这是一种在媒体环境里所需要的自觉，而镜头会放大这种自觉。

　　比如，我们曾去采访一位国家行政机关女处长，因为那天是星期天，她穿着 T 恤衫就来了。采访时，我们注意到她的 T 恤衫上有个品牌标识，但因为没别的衣服可换，采访就继续了。到节目即将播出的时候，我们制片人说品牌标识有广告之嫌，需要打个马赛克，于是没多想就打了个马赛克，但一不小心这个马赛克从胸前的品牌标识延伸到了她的手腕。节目播出后，观众在微博上议论此事。在这之前，《焦点访谈》得到的一般都是称赞，但那次节目播出以后，忽然就出现了很多质疑，最尖锐的一句是这样说的："焦点访谈，你为官员遮挡什么？"领导让我赶紧给大家解释一下，我就在微博上把这张照片和没打马赛克的照片一起给大家看，跟大家说："这两天大家在议论马赛克的事情，有的朋友已经猜到了，当然是避广告之嫌了。感谢大家对我们的关心，以后我们也会更加注意。"

　　这事结束了吗？好像是结束了，大家也都表示理解了。但是，我特别不安，因为这天的节目是我主持的，还是一个挺重要的内容。但是在这么多留言里，没有一个人在说内容，大家都在琢磨马赛克的后面是什么。这就提醒了我，这种副语言的表达方式，是一种极其重要的表达。当它影响到内容传播的时候，一定要做减法。比如，她不应该穿着有品牌标识的 T 恤，我们也不应该打马赛克。当它有利于内容传播的时候，要做加法。比如，我们可以主动地用一些道具，在谈论其他话题的时候，用一些老照片，用一些物件来强化内容创作。

　　再来说一说表情。我觉得在镜头前交流，尤其是现在我们通过小屏幕看的时候，眼神和表情是非常重要的。大家在表达的时候眼神要有对象感，当你看着镜头的时候，你要能感觉到谁在接收你的信息？你的目光要表达出什么样子？是亲和的？是渴望交流的？还是一种很强硬的态度？你的眼神是可以说话的。

有个词叫"表情管理"。我不太喜欢这个词，"管理"显得特别硬。我觉得一切表情都是出于内心，不是能设计出来的，它是内心情感的一种外化。比如你的笑容，如果你很真挚地要表达那种友善，你的眼神会表现出来，而不是想着我此时应该微笑，此时要有动作。外在形象我觉得可以叫管理，但我更强调的是发自内心。

七、有分寸的个性表达

对于在媒体前表达来说，个性表达是进一步的要求。大家有没有觉得一些官方表达很雷同？只有偶尔会出现一个让人眼前一亮的。所以，我特别希望有知识的人在传播有价值内容的时候，能够提醒自己尽可能地、有分寸地个性化地表达自己。我想强调的个性表达不是为了秀而秀，是让传达的内容能更有效地到达，因为有个性的表达才有感染力和影响力。当然，这个时候分寸感是极其重要的。当你的分寸能被大众所接受，那么你的理念、你的价值观、你的审美就可能被更多人所接受。如果大家都能在这方面努力的话，我们的沟通就会更生动有效。

敬一丹： 1988 年进入中央电视台后，曾主持《焦点访谈》《感动中国》《一丹话题》等节目，三次获得中国播音主持金话筒奖。现为北京大学电视研究中心研究员、中国传媒大学客座教授。

一起遇见最好的自己

在 2023 年举行的杭州亚运会上，我以副总导演的身份参与筹办了亚运会开幕式、闭幕式和亚残运会开幕式、闭幕式，在四场仪式中见证了这一盛事的始末。所以，我想从亚运会讲起，聊聊开闭幕式的理念如何与时俱进，以及文艺创作者如何通过大型活动演出发挥引领作用，传递文化价值。

一、亚（残）运会开闭幕式的幕后故事

2020 年，开始组建亚（残）运会开闭幕式创作团队，耗时三年筹备了四个仪式。在亚运会开幕式的仪式中，在创作上能呈现什么？如何呈现？当时想到的是"意料之中"和"意料之外"。"意料之中"指的是内容，要在演出中体现西湖、良渚、大运河、钱江潮这些杭州元素，但要把这样的"意料之中"做出意想不到的效果，是非常艰难的，也是整个创作中最重要的环节。如何做到"意料之外"？杭州这座城市启发了我们的创新思维。

杭州是一座历史文化底蕴非常深厚的城市，也是一个自然风光非常优美的城市，并呈现出了蓬勃的科学、技术和互联网力量。融合这些元素，必将呈现出一场集历史之美、自然之美和科技之美的演出，但这需要有创新的意识。其中，"钱江潮"的呈现就给大家留下了深刻印象。我们都知道，钱江

潮是汹涌澎湃的自然景观。通常，为表达钱江潮的气势，会使用"人海战术"，但在亚运会开幕式这场表演中，只用了两个演员，结合裸眼 3D 影像、3D 威亚技术，既表达了我们是勇立潮头的主人，也表现了生命的力量。大家在看了这段双人舞之后，没有人觉得缺少了什么，也没有人觉得勇立潮头的精神没有被表达出来。大家都认为这段表演把杭州的浪漫精神很好地呈现了出来，并冠之以"中国式浪漫"。

这次亚运会开幕式上点火的数字人，也引起了强烈反响。全球 1 亿多人参加，一个个祝福化成一个个光点，形成了"数字人"火炬手。大家可能不知道，数字人的形象几经变更，刚开始设计的时候，是身上冒着火在跑步的人，后来经过漫长的演变过程才确定为最终的模样。其中，支付宝的庞大团队一直在提供技术支持，如果不是在杭州，可能我们很难实现这个创意。直至演出当天，组成数字人的数字还在不断加入，一直到最后点燃的那一刻。所以，亚运会的成功与科学、技术、数字化是紧密结合的。

开幕式的火炬塔也给人们留下了深刻印象。火炬塔的外观效果一直是保密的，经常需要等到凌晨一两点其他人员排演完离开现场，才把幕布打开，试演我们想要的效果。

无论是白天还是深夜，春夏还是秋冬，所有的场景、每个环节都经过反复排练。记得其中有一个节目是中央戏剧学院偶剧系制作的动物人偶，他们做得很棒，非常人性化，能实现人和"偶"融为一体的表演，这个节目从设计、制作到训练用了半年之久，但最后从整体效果考虑，还是删掉了。最终的演出节目都是经过无数次修改、审查后保留下来的，演员们在"大莲花"体育馆里训练是一种"无我"的状态，留或去，一切都以大局、效果为重。演员们虽然年轻，但是他们知道，祖国利益高于一切。

完成四个仪式面临的挑战是非常大的。每次走进"大莲花"，感受到的都是压力。2023 年 9 月 23 日开幕式结束，仅有 4 天时间就需要把地面上的屏幕和搭了两个月的舞台全部撤掉，因为这个场地马上要用于亚运会田径赛事。10 月 4 日晚比赛结束当天，我们也一直在"抢"时间和场地，那天赛事持续到了晚上 10 点，现场还需要为谢震业等运动员补发东京奥运会的奖牌。我们当时都很焦急，因为第二天这里就要进行闭幕式的彩排，但当时的现场还是比赛的场地，我们必须等颁奖仪式结束才能去装台，时间非常紧迫。等到 10 月 8 日亚运会闭幕式结束，紧接着又是 10 月 22 日的亚残运会开幕式和 28 日的闭幕式。不知用怎样的语言去形容那种状态，除了时间紧张，这四个仪式还不能让观众感觉重复，要让大家都喜欢。这么短的时间一定会有遗憾，好在观众对我们还是很包容的，给出了较高的评价，我们也觉得这一切付出都是值得的。

亚运会原本定在 2022 年，因为新冠疫情推迟到了 2023 年。这一年的时间很煎熬、很焦虑，因为大家已经到了冲刺阶段却突然被叫停，我们只好尽快让自己平静下来。如果按照 2022 年的时间举办亚运会，刚好可以赶上中国的中秋节，就可以有很多关于中秋月圆的设计，这个"圆"不仅是中国的圆，更是亚洲的圆。然而，亚运会最终选定在 2023 年，时间变成了秋分，这意味着所有的创意都要改变。不仅如此，在创作开闭幕式表演的过程中，有无数次的修改。如果没有强大的心理素质和抗压能力，人很可能会崩溃，因为所有的设计都要绞尽脑汁去想，所有的创意都可能会被一次又一次否定。这个过程很痛苦，但现在回想起来，正是在各方意见之下不断地调整改变，才达到了最后呈现出的理想效果。

有位记者在开幕式之后提了一个问题："亚运会非常成功，开幕式也非常成功，包含了杭州的各种内容和元素，但会不会被认为只是举办了关于杭州的运动会？"这个问题很尖锐，当时我的回答是："你问了一个非常好的问题，我们创作的时候也一直在思考。时至今日，中国已经不再刻意需要向世界证明我们是什么样的。自古以来，我们的文化中就有着'天人合一'的哲学境界，有着热爱和平、追求幸福的美好愿望。这些文化，恰恰在杭州这样一座历史文化底蕴深厚、自然景色优美的城市中呈现出来，并与这个时代相吻合。事实证明，当我们呈现出所有这些有关杭州、有关这个时代内容的时候，大家都认可了我们这样的呈现，并没有觉得亚运会只是在演杭州。"

很多人可能会觉得，艺术创作就是唱歌、跳舞、表演，但其实我们所有的创作过程、所有的内容，每一个节目所要表达的情感和力量，都和这个时代是分不开的。这个感悟出于我所从事的职业。我一辈子只在一个单位工作过，只从事了一个职业——舞蹈，但我认为，每一项工作、每一个专业，深入到最后，都是和国家、社会息息相关的。与祖国同心，与时代同行，这是我们文艺工作者的使命和责任，也是我们的价值所在。

二、我们与时代的关系

每个人和时代都是无法分开的，因为时代发展与大家息息相关。只有祖国越来越强大，我们才可能有更好的平台、更好的作为。这也是我在这么多年的创作中体会到的。

2008 年，在筹备北京奥运会的时候，大家熟知的北京奥运会主题曲在开幕式上亮相之后，有些观众是不认可的。他们认为，这样的一场盛会，应该展现出像《亚洲雄风》那样铿锵有力的振奋旋律，但组委会却选择了《我和你》。当时总导演张艺谋希望大家能从国际化的视角去看待这首歌，但这在当时还不太能被社会大众所理解和接受。

到了 2016 年，杭州 G20 文艺晚会可以用"美轮美奂"这个词来描述。

当时的团队也是张艺谋导演领衔的，那时我们已经可以自在从容地在水上、在西湖的实景里表达情感，彼时就没有人提出"为什么你们的表演那么软绵绵"等类似的问题。我记得当时的第一个节目《春江花月夜》是水上表演，前期创作团队也做了反复的思考和探讨：那么盛大的开幕式，用《春江花月夜》能开场吗？观众能被带入吗？后来还是非常大胆地认为，既然在西湖上表演，就应该充分利用西湖的环境来展现一轮明月映照在西湖上的场景，表达天人合一的境界。

当时普京总统在现场，他非常惊讶地表示："《天鹅湖》是俄罗斯的，但是俄罗斯的《天鹅湖》从来没在湖上表演过。"这也从另一个角度说明，艺术家只要有想象力，就能去充分展现自己，不被来自各方面的因素所限制。我们可以坦然、从容地展示现代中国的模样。

G20峰会的文艺晚会是2016年9月4日举行的。那一年杭州特别热，七八月份排练的时候，白天西湖上的水温能达到六七十度，我们只能等到水温降下来再开始排练。演员打趣自己每天都在做足浴。同时，我们也需要不断地与管理水位的老师们配合，因为舞台上的水既不能太高也不能太低，水位高走路会有阻力，影响舞蹈动作的呈现，水位低则溅不起水花，没有美感；水多了就要泄，水少了就要补，每一个看不到的细节也都需要精准到位。

2018年，我们去雅加达参加亚运会闭幕式表演"杭州8分钟"。因为是异地"作战"，只能用对方提供的场地。当时雅加达给我们提供的场地是一个空空的平台，为了更好地呈现效果，也基于我国的科技发展，我们设计了一个变形机器，收缩起来的时候是一个方盒子，表演的时候能全部伸展开。这些巧妙的设计，都是杭州的设计团队研发的，充分展现了杭州的科技发展。

为了雅加达这次演出，我们提前在杭州师范大学的操场上排练了两个月，那里的场地和雅加达给我们的舞台尺寸标准一模一样，这样演员们去到现场就不容易感到陌生了。如果不是赶上了这样好的时代，我们也遇不见这样好的机会。

三、时代中的小我

1978 年，12 岁的我前往北京舞蹈学院学习。1984 年毕业时，恰逢杭州要建历史文化名城，当时的领导带着团队到北京招生。那时北京舞蹈学院每年招生只招 24 人（12 个男生、12 个女生），杭州基本不可能要到北京舞蹈学院的毕业生。但那年因为特殊原因，我们班 6 男 6 女一起被调到了杭州。那个时候，毕业包分配，组织分配你去哪，你就应该去哪。现在回想我走过的路，正是因为来到了杭州，所以才会有现在的我。

因为个子小，只有个性角色才能轮到我，于是就想尝试转行。其实，在舞蹈领域，转行是大家都要面临的问题，因为这个职业有年龄限制，体能、表现力、身体的柔软度都会发生变化。我转行比较早，24 岁就转行学编导了。当然转行的时候也经历过痛苦，但因为学习舞蹈，练就了我的韧劲和坚持。

1996 年，我创作了第一部舞剧。当时朱哲琴演唱的《阿姐鼓》风靡全球，是国际唱片史上第一张全球发行的中文唱片。我听到这首音乐时就被震撼了。但音乐呈现的是西藏文化，而我没有去过西藏，如果做一部作品却不了解其生活背景，怎么诠释出它的文化和内涵呢？所以，为了创作这部剧，我去了四次西藏。旅途中有这样一个场景：我们在一路行走的时候，看到一望无际的荒野上有个黑点，我很好奇是什么，走近一看，一个黑色牦牛绒制作而成的帐篷，里面是一家五口。我在那儿待了近半小时，虽然没有语言的交流，我们却很清楚彼此在表达什么。他们非常乐观，脸上洋溢着灿烂的笑容。当时我一直用自己的思维来考虑他们：吃什么？睡在地上怎么办？想想很难过，觉得他们太可怜了。所以走的时候，我就把车上的方便面、矿泉水拿给了他们。女主人抱着最小的孩子来为我送行，当我回头的瞬间，看到她满脸灿烂的笑容，我永远不会忘记那个笑容，那种干净、明媚的笑容触动着我。所以我说西藏是一个净化心灵的地方，藏族群众的笑容是我创作《阿姐鼓》的主题。我还在那里学会了以前从没有学过的、西藏特有的踢踏舞步，虽然孩子们生活的环境很艰苦，但是他们对生活、对生命乐观豁达的真实表现却深深打动着我。

艺术创作需要走进生活，通过《阿姐鼓》，我觉得"采风"不是一个表象，而是应该通过表象把精神提炼出来，去感动、感染和引领更多的人。

排这个作品时，恰好是 1997 年全国舞剧展演的时间，也是杭州市级剧团第一次走向全国。我们的作品得到了专家们的认可，大家没有想到一个市级剧团居然有那么充满感染力、生命力和情感的作品。《阿姐鼓》斩获了几乎所有项目的舞剧大奖，我也因为这部剧获得了中国专业舞台艺术领域的最高奖——文华导演奖。

分享《阿姐鼓》，不是因为作品有多了不起，我是想通过这件事告诉大家，要坚持热爱，想到了就一定要去做，不要做"语言的巨人，行动的矮子"。就算失败，也能总结经验。这条路走不通，可以想其他方法，寻找能够走通的路。我一辈子只做了与舞蹈有关的这一件事，其实后来我有很多选择的余地，但仍然没有离开舞团，也始终没有离开我的职业，离开我一直喜欢的舞蹈。因为我觉得，只要坚持，走到哪里都是一样的。在这里做不成的事，换一个地方也未必能成；如果能坚持在这里把这件事做好，换个地方也一定能够成功。

四、"遇见大运河"

另一个关于"坚持"的故事，是我从 2003 年到 2013 年用十年时间创作舞蹈剧《遇见大运河》的过程。当年，因为京杭大运河申遗，我排了一部舞蹈剧《遇见大运河》。音乐创作是一位好莱坞作曲家，他创作了电影《加勒比海盗》和《珍珠港》等音乐，邀请他加入，是希望探索更多中西方文化的融合与碰撞，让这部剧在未来走向世界时各地民众能与它产生更多共鸣。为了创作好《遇见大运河》这部剧，我们一路采风，整个团队用了两年多的时间去了中国大运河流经的六省两市。在拱宸桥，我们看到的大运河是小桥流水，静静的；而在天津十六孔闸桥，我们看到的大运河却是汹涌澎湃……不同地方的大运河千姿百态，所以我们要走出去，行走到生活中去，感受这个时代，而不是在家闭门造车。

我们一路行走，走到隋唐古运河唯一留存的活水段——安徽泗县境内这段保存完好。当时村主任穿着印有大运河字样的 T 恤，带领全体村民和我们一起参与保护大运河的行动。有位奶奶已经 83 岁了，一直给我们讲大运河的故事，因为这是她的母亲河。

时代一路发展不是靠个人成就的，每个岗位上都有无数人在默默奉献。大运河申遗，是国家历史文化名城保护专家郑孝燮提出的，他呼吁大运河要申请成为世界文化遗产。大运河申遗成功后，我们去北京探望郑爷爷，那时他已经快 100 岁了，他非常高兴地说："等你们演到北京的时候我去看你们的演出。"非常遗憾的是，当我们从南向北演到北京时，郑爷爷已经离开了我们。他的家人到国家大剧院观看了我们的演出，继续传承着郑爷爷对事业的那份执着和期待。另外，在杭州钱塘江畔三桥与四桥的江堤上，韩美林老师的雕塑作品《钱江龙》也表达着他对大运河的深厚情感。还有乔羽老师创作的《一条大河》，词写得很纯净。他说："我在创作这首歌的时候，脑海里的画面就是源于我的家乡——济宁的大运河，我爱大运河。那时候我还小，我就觉得那条河好大。"

我们在确定这部剧的男女主角时，一直在思考如何勾勒这两个形象。有一天女主角的形象在我脑海中突然出现了，她就是千年运河的一滴水，因为运河的水见证了历史的发展，见证了运河的兴衰。曾经，运河几乎是黑的，各种垃圾都排进去，运河逐渐被遗忘了，作为运河中的这滴水，她亲历了这个过程。未来的千年我们会老去，但运河一直会在，所以我们塑造的女主角便是运河中的那一滴水。那男主角是谁呢？男主角就是现在的我们。这部剧借男女主角在剧情里相知相爱相恋，表达的不仅是男女之间的情感，更是人对自然、对历史的那份敬畏和大爱。

我们行走了中国大运河，又走进了世界十大运河。探访美国的伊利运河，从纽约到伊利，需要两个多小时。伊利运河的负责人告诉我们，"来美国的中国访客很多，大多都会去自由女神像、时代广场等标志性建筑，但你们是第一批来到伊利运河的中国访客"，所以他由衷地感动，一定要从纽约赶过去和我们见面。

巴拿马运河则连接了太平洋和大西洋，它将海上运输时间缩短了一个多月。2018 年，中巴建交一周年的时候，我们前往巴拿马演出《遇见大运河》，当地的文化局局长看了我们的演出后感慨地说："我们如果有这样一部剧就好了。"后来她到澳门参加城市文化遗产国际会议结束后，来到杭州，站在拱宸桥上看着通勤的人们来来往往，感性地流泪了。她说："现在我懂了，为什么你们会有这样的表达。"巴拿马运河是经济交通要道，中国大运河则是和老百姓息息相关的，就在我们身边。《人民日报》的记者在巴拿马现场采访的时候说："导演，你们在杭州首演的时候我去过，当时你说在设想行走中国大运河六省两市和世界十大运河两条路线的时候，我心里在想这么远大的理想要怎么去实现。但今天我非常感动，因为你们真的做到了。"

这部剧，我们带去了不同国家，去的地方都有两个特点：第一是要去这个国家最好的剧院，因为我们一定要将中国的文化展示到最好；第二是要下沉到"最生活"的地方，所以我们在每座城市最著名的地方做了快闪活动。我记得在莫斯科克里姆林宫大剧院演出的时候，习近平主席授予国际友谊勋章的俄罗斯的中国文化使者——库利科娃女士也来到演出现场鼓励我们。此外，我们也去到屠呦呦做诺奖报告的斯德哥尔摩音乐厅卡罗林斯卡医学院剧场演出，我们希望《遇见大运河》也能够攀登舞蹈的最高殿堂。

在"走出去"宣传中国文化的过程中，演员们是辛苦的。我们不仅要到最好的剧院去演出，做快闪活动，还要到学校里和学生们做交流，要把传播做到最大化，这就需要团队方方面面去配合。庆幸的是，我们每次"走出去"，大使馆及当地的华人都非常支持，积极帮助我们。

《遇见大运河》不仅是一部舞台艺术作品，更是一次文化遗产传播行动。2016 年，在我们走完中国大运河六省两市的时候，浙江大学出版社为我们出版了同名图书《遇见大运河》；2022 年，当我们走完了世界十大运河的时候，浙江大学出版社再次出版了中英文版的同名图书《遇见大运河》。每一件事的成功，做着做着就会有很多有共同理想的人汇聚到一起，为了同一个目标一起努力、奋斗。

时代在不断发展，我们该如何成长？我想告诉大家：要去做自己喜欢的事，要坚持。那样无论遇到怎样的困难，都会因为喜欢、热爱而能够坚持下去。要静下心来，做一个纯粹的人。每做一件事情，虽然不知道结果会怎样，但我觉得既然要做，就要静下心来努力，这样我们才会不浮躁，才会活得有灵魂。日积月累，从容和坦然也就内化为个人的气质了。

生活很美好，每个人都有可能发光、发热。每个人在学习、生活中偶尔都会迷茫，不知道自己未来会怎样，但只要相信自己，在热爱与坚持中，一起遇见最好的自己。

■ ....

崔巍：国家一级导演，杭州第十九届亚运会开闭幕式副总导演，杭州第四届亚残运会开闭幕式副总导演，2008北京奥运会开闭幕式中心执行副总导演。全国"五一"劳动奖章获得者，第十一、十二、十三届全国人大代表，第十四届全国政协委员。

丝绸人生：柔软而坚韧

屠红燕

我从事的是美丽的事业，我相信"眼中有光，心中有梦，脚下有路；不要害怕失败，不要畏惧挑战，更不要轻易放弃，相信自己的能力和价值，同时也要珍惜身边的支持和帮助，与他人共同成长和进步"。

一、做中国新时尚产业的领跑者

万事利集团是一家在改革开放历程中发展壮大起来的老牌民营企业，创立至今已近 50 年。万事利的企业愿景是成为一家百年企业、一个百年品牌。然而，品牌的塑造绝非一蹴而就，需要数代人的不懈奋斗与深厚积淀。因此，我们必须秉持务实、踏实、勤恳的态度精心铸造品牌。

在适应时代发展的浪潮中，我们追求高质量发展，同时更要保持品牌的创新精神。作为新一代的企业家，我们肩负着传承与发扬的重任。如果缺乏创新精神，我们能守住这份基业并将其发扬光大吗？答案显然是否定的。因此，我们必须在坚守传统的基础上，不断以创新的思维引领企业发展，为品牌注入新的活力。坚持长期主义，实施品牌战略，追求高端定位与高端制造，这是万事利集团现在和未来坚定不移的发展道路。

在互联网时代，云计算已成为众多事物的核心驱动力。连我们公司大楼的装置艺术上，也巧妙地融入了一朵飘逸的云彩，象征着与云端科技的紧密联结。云是什么呢？它是天空中那一抹轻盈的存在，随风轻舞，自由而灵动。

我憧憬着，我的事业能如同这云一般，在广阔的天空中自由飘荡，不受拘束；我的家庭，也能像云般柔软温馨，充满爱与和谐；而我的人生，更愿在这片云淡风轻的天地里，轻盈漫步，享受每一刻的美好与宁静。

每次分享万事利的故事，我总会从我们新总部大楼的设计说起，因为它不仅是一座建筑，更是我们企业文化的生动延展。这座大楼，每一处细节都蕴含着深厚的文化内涵和我们的企业精神，它是向世界展示万事利魅力的窗口。我们大楼外观设计独特，呈现圆润的弧形，仿佛一根柔软的丝线在空中优雅地舒展。那么，这股力量究竟从何而来呢？其实，它源自丝绸经纬交织的深厚底蕴。那缕缕丝线，每一缕都需耗费 7 颗蚕茧的精华才得以形成。而一根丝线，又能拉出长达 1000 米的丝，3000 颗蚕茧的共同努力，方能织成一根领带或一条围巾。由此可见，每一颗看似微小的蚕茧，实则蕴藏着无比巨大的力量，正是这股柔软而坚韧的力量，交织成了万事利科创中心大楼。这座大楼，不仅是现代建筑的杰作，更是我们传承了 5000 年历史的文化象征。它承载着祖先的智慧与情感，见证着时代的变迁与发展。那么，如何向世人诉说我们的故事呢？我希望，每一位来到这里的人，都能从我们的大楼中读出那份深沉的历史底蕴，感受到那份柔软而坚韧的力量，从而领略到丝绸文化的独特魅力。

二、让世界爱上中国丝绸

我深信，一个企业的生命力源于其坚定的使命，而一个人的成长亦离不开使命的引领。作为传统产业的代表，我们肩负着弘扬中国文化的重任，致力于传承和发扬丝绸之美，并希望为其注入更丰富的内涵，激发年轻一代对民族产品的热爱与自豪。因此，我们需要打造独具特色的品牌，将东方文化的精髓与西方时尚的设计理念相融合，展现出独特的魅力。企业的价值观应专注于追求卓越、创新和拥抱变化，这正是我们用匠心追求完美的表现。当大家谈到万事利时，都觉得传统产业并不容易。在"丝绸之府"杭州，20 世纪 90 年代还有上千家丝绸企业，为什么万事利能在大浪淘沙中生存下来并逐渐成为行业佼佼者？如果我们没有对匠心追求的坚持，没有对使命的理解，是无法做到的。万事利集团近 50 年的发展历程，经历了从产品制造到文化创造，再到品牌塑造的转型升级"三连跳"，我们一步一个脚印地走过了这段艰难旅程。2021 年 9 月 22 日，万事利丝绸在深交所 A 股创业板上市，成为"中国丝绸文创第一股"，这是企业不断创新和努力的成果。然而，这个过程并不容易：传统纺织品由于科技含量不足，难以获得资本市场青睐，很难敲钟上市，但是万事利凭借几十年的沉淀与积累，把丝绸做成文创产业、科技时尚产业。我们每年的科技研发投入远超行业平均水平，我们首先建立了 AIGC 实验室，推出了花型大模型，始终紧跟时代步伐。

三、牵手世界盛会，彰显丝绸之美

如何展现丝绸文化魅力？万事利有自己的独特模式，那就是参与世界级盛会。除参与 2001 年上海 APEC 峰会、2010 年上海世博会、2016 年 G20 杭州峰会、2017 年"一带一路"国际合作高峰论坛等一系列中国主场外交活动外，万事利还是中国企业界唯一同时参与两届奥运会（2008 年北京奥运会、2022 年北京冬奥会）、两届亚运会（2010 年广州亚运会、2022 年杭州亚运会）

的企业。万事利成功塑造出别具一格的品牌故事，"世界盛会上的万事利现场"持续闪耀，不断彰显着品牌的魅力与实力。

杭州亚运会期间，我作为亚运火炬手的经历，也是企业薪火相传的一部分。作为最早参与亚运筹备工作中的浙江民企之一，万事利一直在探索如何运用好官方供应商、特许生产企业的双重身份，以丝为媒、以绸为桥，在服务好"家门口"亚运盛会的同时，呈现"杭州丝绸"的独特魅力，展示"诗画江南"的文化韵味。其间，万事利为亚运匠心打造了"亚运锦"真丝绶带，开发了 100 余款丝绸文创产品；首创推出的 AI 丝巾定制生产一体化模式，服务了超 200 位亚运冠军，超 4000 位各国媒体记者，为他们留下了永恒的亚运记忆。亚运会上，共有 2 万件丝绸礼宾用品亮相，超 40 万件亚运丝绸产品从杭州走向世界……以丝为媒，万事利用创意与科技为企业的发展史留下了浓墨重彩的一笔。

万事利丝绸与国际品牌有何不同呢？我们不仅拥有全球领先的双面数码印花、色彩管理、无水印花等独门绝技，我们的设计中心也分布于法国、意大利等地。最重要的是，我们坚持设计源于中国文化元素，我们打造的是具有国际化审美、中国文化表达的民族丝绸品牌。我们每年开发的"丝绸＋"文创产品、IP 跨界产品以及丝绸花型，都深受消费者的喜爱。

四、专注追求卓越，创新拥抱变化

亚运绶带看似普通，但却不能小看它背后的匠心。万事利为杭州亚运会匠心制作了 6000 多条绶带，每一根虽然很轻很薄，却可以承载 90 公斤的重量，这是万事利为亚运会特别开发的面料提花织物"亚运锦"。采用了中国传统织锦"提花＋印花"工艺织造出来的全新面料，织造非常细腻，绶带上即便只有 0.1 毫米的小颗粒花纹，我们的工艺都让它立体可见。色彩上，我们采用了自主研发的无水印花绿色科技。在精准配色、精准喷印的同时，做到了零污水排放，很好地契合了"绿色亚运"的理念。制作上，整条绶带采用手工缝制工艺，但其精密程度让人看不出来任何的针脚，可以说实现了"天衣无缝"。这条"千丝万缕"织就的荣誉绶带，凝聚了杭州丝绸业的匠心和温度，展现了杭州丝绸工艺的高度，相信能为获奖运动员们留下深刻的杭州记忆。

杭州亚运会上，很多人被一位运动员的事迹所感动，她就是体操传奇名将丘索维金娜。尽管她在亚运会上获得了第四名，但她的故事鼓舞人心。丘索维金娜和万事利在很多方面都有共同点，这也是我们选择她作为代言人的原因。首先，当时她的年龄和万事利都是 48 岁；她是一位体操选手，与我们的丝绸一样，展示的都是柔软的力量；她的励志故事展现了母爱的伟大和为国争光的精神，也符合中国年轻人对正能量的追求。万事利与丘索维金娜的合作，也在社交媒体上获得了广泛的关注、带动了品牌关注度、销售量的双增长。

我想强调的是，每一次机会都是留给有充分准备的人。万事利一直注重媒体的运营，利用多媒体的方式进行品牌理念、品牌价值的传播。

杭州亚运会期间，万事利专门在亚运主媒体中心打造了 AI 定制丝巾体验馆，现场设计、现场生产，2 小时内就可以拿到实物。对于传统丝绸纺织工艺来说，我们可以说打破了新的"世界纪录"。也正是因为拥有这样的科技能力，我们为多位冠军运动员独家定制了"夺冠时刻"纪念丝巾，冠军们收到后都爱不释手。

五、迎接挑战，引领变革

企业在发展的不同阶段，会面临不同的困难。万事利在发展过程中几经转折，进行了多次转型升级，也遇到过很多难题。我是一个二代企业家，在接手企业时有一些资源和平台可供利用，这是我的优势；但同时，也正因为是二代企业家，我面对的是巨大的压力和期望，需要不断证明自己的能力，承担起更大的责任。

在创业这个方面，我有几点心得体会。

第一，浙商的"四千"精神——千方百计、千言万语、千辛万苦、千山万水。这是第一代企业家走过的路，第二代企业家同样要走，所以企业的成长和个人的成长是一样的。什么叫经验？经验都是血的教训，经历多了，看得多了，你才会坚强。企业在发展的过程中时时刻刻都会遇到危机。企业家应该怎么做？我认为，需要抓住一个板块做大做好，不断尝试，坚持不懈，才可以把企业发展壮大。浙江第一代企业家都是在这样的环境下成长起来的，最可贵的便是有坚韧不拔的精神。我们有能力，有智慧，把我们的企业做大做强，所以我觉得"四千"精神是浙江企业家最可贵的一个品质。

第二，认清自身拥有的资源。在和丘索维金娜合作的过程中，我的战略思维非常敏捷，而且团队具备良好的专业能力，一旦抓住机会，我们就会着手实践。企业家最需要的是敏锐的洞察力和善于运用人才、调配团队的能力，最终才能达到开拓局面的目标。

第三，学习和创新。这些年来，我不断完善自己，并要求我的团队不断成长。市场上并没有轻易可得的东西。即使你今天条件良好，可以轻松一段时间，但当你以为能够轻松一辈子时，实际上并没有足够的资源和资金来供养你的一生。无论是员工还是团队，只有不断思考，才能引领团队走向更好的未来。我是通过实战学习成长的，我从事过面料生产和市场推广。因此，当公司基层的市场业务出现问题时，我看一眼便能迅速了解情况，并通过简短的对话找出问题的原因。但我也能够放手，专注于关键问题，管理产品，并始终与客户保持密切的联系。只有站在客户的角度思考问题，才能让万事利的产品持续受到消费者的喜爱。

第四，每个人都会面临困难时刻。我与其他企业家一样，都经历过许多困难，但不同的是我懂得"传承"。我曾任杭州市新生代企业家联谊会会长，我的母亲是浙江省的第一代企业家，能够顺利接手她的事业并不容易。父母与晚辈之间存在代沟，就像我和女儿之间一样。在教导她时，我既要鼓励她，又不能过度严厉，才能缩小我们之间的距离。当我与母亲交接时，两代人的经营思路不同，必然会产生矛盾。如何化解这些矛盾呢？亲情的力量是无穷的。我们要学会沟通、交流和换位思考，站在对方的角度思考问题。无论是在职场还是校园中，无论是与老师还是与父母交流，不要认为他们唠叨，不要嫌长辈不懂。父母一生走过的路程，不是简简单单四年大学学习生活能够理解的。因此，当父母无法跟上时代步伐时，我们应该用适当的方式让他们不断学习。在与母亲一起奋斗的过程中，我从她身上学到了为人处世的智慧，领悟了她的眼光、视野和用人策略。这也是我传授给我女儿的。我没有过度束缚她的学习，而是教给她独立思考的能力，教给她辨别是非的能力，教给她如何待人接物的能力。

六、工作与生活的平衡

如何平衡自己的工作和生活？对于每个人来说，时间都是有限的，每天只有 24 小时。我如何分配时间呢？我一直将可支配的时间分成三份：1/3 用于工作，指的是在办公室内的工作；1/3 用于开会，因为身兼数职，我需要参加各种会议；1/3 用于学习。

首先，我认为健康是最重要的。我非常注重健身和修身养性。早上我会跑步锻炼，每周跑三次。周末我会去画画，我邀请了美术学院的十位老师为我们女企业家成立了一个班级，这个班级有绘画、书法和历史等课程。为了什么呢？无论是为了身心健康，还是为了调节情绪，都非常重要。没有健康就没有一切。在我们这个年龄，如果不注重身心健康，在如此繁重的工作负荷下，如何保持良好的精神状态呢？现在我们只需要在手机上就能轻松地听一本书或者听一段历史故事，边听边工作，学习和工作都能兼顾。

其次，我也需要经营好自己的家庭。以前，每个周末，我和丈夫会专门留出时间，陪女儿一起散步，一起吃饭，与她交流。她去上海读高中时，我们鼓励她每周自己坐高铁往返，培养她的独立性。考上大学后，她也是自己去报到的，现在通信工具非常方便，我们可以时刻进行视频交流。我小时候，母亲非常忙碌，几乎见不到人，也没有这么多的通信工具，所以我经常找不到她，只知道她很忙。因此，我觉得不能让我的女儿在成长过程中有遗憾。

另外，人生的不同阶段都会带来不同的经历、任务和责任，但学习是一辈子的事情。作为一名企业家，我认为必须要不断学习，合理安排工作和生活，不能整天待在办公室。当你每天都待在公司里，看到的都是问题；但当你与他人接触时，你会发现团队还是非常出色的。万事利丝绸，从一代到二代，不变的是我们的精神，变化的是创新和发展。有时候，我们需要停下脚步去思考，思考是为了更好地前进。因此，我每天都在忙碌工作，同时努力学习，希望我的团队能够快速成长，用更好的待遇和机制留住人才，用更好的团队文化塑造万事利的品牌。

我告诉员工，无论面对的是今天的客户还是明天的客户，他们永远都是客户。必须以饱满的精神、良好的态度和专业的能力为客户创造美丽、实现美丽。对于所有接触客户的员工，我会提出更高的要求：你的言行举止应符合这样的要求——让客户信任你，要成为客户的时尚顾问，这样他们就会永远"依赖"你。因为，品牌存在于体验中。

屠红燕： 万事利集团党委书记、董事长，第十四届全国人大代表。担任全国工商联执委、浙江省工商联副主席、浙江省妇联兼职副主席、浙江省女企业家协会会长等职务。

寻找平衡的支点

俞虹

人生有限，作为社会人，我们都会在各种角色之间转换，承担责任，面对各种可能，解决各样问题，而找到合适的平衡点之后，才会有一个更好、更舒服的生命状态。

一、平衡是个性化的

平衡是个性化的。谈及"平衡"，其潜在逻辑是对现实二元对立的矛盾性的思考与态度。在中西哲学中，"平衡"都是一个重要的概念，无论是中华民族儒、道的"天人合一"，古希腊先哲的和谐思想还是马克思主义的社会发展动态平衡理论，从中我们都可以看到在人类发展的多个领域呈现出中西方文化发展的共同追求：动态与平衡，和谐与统一，尊重自然法则与规律，适度与节制，整一性与整合性。

从美学的形式美法则角度来讲，最高的美的形态就是调和。调和是什么？是对称吗？对称也是一种平衡，但它不是调和，对称是 1∶1 的等同。左眼右眼、左手右手，数量的、体积的、质量的甚至是节奏的，都是 1∶1 的等同，就像一个天平上的砝码，两边是完全一样的。但是调和不一样，调和可以通过变化获得一种平衡，或者说均衡。比如，我们可以通过对比面积、体积的大小，让一个体积看似很小，但是质量很重的东西达到一种视觉美学上的平衡。又比如，音乐也是一种均衡协调的表现，这种协调可以通过节奏的快慢、音调的强弱和整体的结构安排，形成一种均衡。当我们看到由大大小小、错落有致贝壳形状构成的悉尼歌剧院主体建筑时，依然会觉得很均衡、很协调，这就是一种形式美的原则。

在现实中，平衡可以是可视的、具象的，但它也可以是一个不可视的、抽象的东西。不管哪一种，它一定是个性化的、充满着动态和不确定性的个体。从这一点来讲，我们就可以有更多认识。比如，服饰美的最高境界是什么？是和谐。当然，很多事情的最高境界都是和谐，这就是为什么美学问题属于哲学层面的问题，因为它实际上是完成了一个人对世界与现实的审美关系的建构与认知。而它一旦进入到哲学范畴，便带有普遍的价值性。再回到服饰这个话题。服饰要寻找一种平衡、和谐，一定有三个重要的元素——time、place、object，也就是你的穿着时间、穿着地点和穿着目的，这三者要达到一种和谐。一个好的服装设计，它也要有三个元素——面料、款式和色彩——达到一种和谐。所以和谐无处不在，平衡从某种角度讲也是获得一种和谐。

平衡在人们的日常中是如何存在的？在我们的未来发展、职业生涯中，在各种社会角色、各种生活日常当中，它是怎样介入的？从关于自然和谐的例子中，我们可以看到，时代巨变，女性在工作中展现出了强大的工作能力和平衡的状态，但这种状态可能与社会对于女性在领导角色中的认知有所冲突。根据性别认知理论，社会对于性别角色的期待可能导致女性领导者承受更多的压力，因为她们需要兼顾对应的性别角色期待，如温柔、体贴等，同时又要展现出领导者应有的果断和能力，在实际工作环境中，女性领导者需要在自我认知和外部期待之间寻找平衡。根据性别角色理论，社会往往更倾向于将领导者角色与男性特质联系起来，而女性领导者可能更倾向于展现出女性特质。因此，女性领导者在工作中可能需要在保持自身性别特质的同时，满足外部对领导者的期待，这也增加了她们在工作中找到平衡的难度。

在这里，"平衡"作为一种价值观和方法论，是一种与主体社会实践和生命形态紧密结合，且不断变动而持续更新的生命力系统。"平衡是个性的"，这一思想在"性别流动"中为女性领导者提供了寻找平衡社会性别与生理性别、伦理道德与自我追求的一种思路和方法，而这里的"个性"，作为对女性社会性别的沉思，即为"平衡"的支点之一，这是开放的生命形态。

二、平衡是有价值观的

价值观是人类关于什么是好的、重要的、有意义的以及如何行动或做出选择的观念和信念体系。无论是在东方还是西方，价值观都是人类文明和道德秩序的重要组成部分，对个体和社会的行为和发展具有深远的影响。价值观不仅是人类生活中不可或缺的一部分，也是人类智慧和道德的基石。它们不断塑造和影响着人们的行为和决策，引导着我们追求更高尚、更有意义的生活。因此，价值观的理解和塑造对于个体和社会的发展至关重要，它们不仅反映了人类对于美好生活的追求，也反映了我们对于世界和人生意义的探索和理解。无论是在东方还是西方，人类都在不断地探索和追求价值观的真谛，以期达到个体和社会的和谐与发展。

平衡是有价值观的，即价值观是平衡的又一坚固支点。在中西哲学中，对于平衡和价值观的探讨都有着深刻的内涵，它们之间的关系可以从多个角度来理解和探索。首先，从西方哲学的角度来看，平衡被视为一种理想状态，类似于柏拉图所描述的"美"的境界或亚里士多德所谓的"中庸之道"。在柏拉图的理想国中，平衡与正义、智慧和美是密切相关的，它代表着社会的和谐与完美。而亚里士多德则将平衡视为幸福的关键，认为在行为和情感中保持适度的中庸是人类追求幸福的重要途径之一。而在东方哲学中，平衡同样被视为一种重要的价值观。例如，在儒家思想中，平衡被视为仁爱和道德修养的重要体现，主张在人际关系和社会生活中保持和谐与平衡。道家强调的"无为而治"也是一种平衡观念，主张顺应自然、保持内心的平静与和谐。佛家则追求内心的平衡与解脱，通过修行来实现内心的和谐与安宁。

从这些角度来看，平衡对于人类的价值观探讨具有至关重要的作用。在人类行为的矛盾冲突中，首先，平衡是一种基本路径，它在人际关系、社会生活以及个人修养中都扮演着重要的角色，保持适度、避免偏激是价值观形成和实践的重要原则之一。其次，平衡也是一种内在的精神追求，它代表着个体内心的和谐与安宁，只有在内心平衡的状态下，人们才能够更好地理解和实践自己的价值观，从而达到更高尚、更有意义的人生境界。最后，平衡也是一种社会理想的体现，它代表着社会的和谐与稳定，是人类共同追求的目标之一。因此，平衡与价值观的结合，既是对人类精神追求的回应，也是对社会和谐发展的引导。通过探索平衡之于人类价值观的作用，我们可以更好地理解人类文明的发展和价值观念的演变，从而为个体和社会的发展提供更加深刻的启示和指导。

在今天的议题中，我们提出平衡与价值观的关系，认为平衡不仅是一种状态，更是一种受价值观影响的行为模式和思维方式。通过平衡，女性领导者可以在个人、家庭、社会和职业生活中实现更高水平的发展和获取成功。

第一，平衡反映了个体对于价值观的理解和追求。在现代社会，人们面临着各种各样的挑战和压力，如工作与生活的平衡、个人与团队的平衡、自我实现与社会责任的平衡等。女性领导者在面对这些挑战时，需要根据自己的价值观和信念来寻求平衡，保持内心的和谐与稳定，同时在不同的角色和责任之间找到平衡点。

第二，平衡是价值观的体现和实践。女性领导者通过平衡工作与学习、个人发展与团队合作、自我关怀与社会责任等方面的需求，展现了她们对于价值观的珍视和践行。她们在平衡中不断成长和进步，不仅提升了自身的能力和素养，也为身边的人树立了榜样。

第三，平衡是实现个人价值观与社会价值观相统一的重要途径。女性领导者通过平衡个人追求与社会责任、个人利益与团队利益等方面的关系，实现了个人价值观与社会价值观的统一和协调。她们不仅关注自身的发展和成就，更关心社会的进步和公益事业的推动，为构建和谐、包容的社会作出了积极贡献。

因此，平衡是有价值观的，不仅是一种行为方式和思维模式，更是一种对于个体与社会关系、个人与团队关系、自我与他人关系等方面价值观的体现和实践。通过平衡，女性基于对领导力的养成，可以实现自我成长与社会发展的双赢，展现出独特的领导力魅力和价值观引领力。

在性别与领导力的矛盾张力中，探讨平衡是有价值观的这一哲学思维，可以探索出一种具有创新性和实践性的关于女性职业与生活的方法论，在社会与个体、责任与自由中走向女性的自我价值认知。

三、平衡是一个过程

平衡的第三个支点是"过程"，即平衡是一种过程。

平衡是一种过程，强调了平衡的动态性和不断变化的特征。这一思想反映了对平衡概念的深入理解，将其视为一种持续发展和演化的过程，而不是静止不动的状态。在不同的情境和条件下，平衡的状态会不断发生变化。这种变化可能是缓慢的、渐进的，也可能是突然的、剧烈的。因此，将平衡视为一种过程，能够更好地反映其动态性和变化性。

在流动的时空中，在讨论"女性领导力"时，我们将平衡是一种过程的哲思引入其中，可以为理解和培养女性领导力提供新的视角和思考框架。

首先，动态平衡的领导力理念。在当代社会，领导力不再是一种静态的特质，而是一种动态的过程。女性在领导团队、组织活动或者参与社会事务时，需要不断调整和适应不同的环境和情境，以实现团队的目标和使命。因此，将领导力视为一种动态平衡的过程，能够更好地指导女性在领导角色中的行为和决策。

其次，调整与适应的能力。女性作为领导者，需要具备敏锐的洞察力和灵活的应变能力，能够在不同的情况下做出正确的决策和行动。将平衡视为一种过程，可以帮助她们更好地理解并运用调整与适应的能力，使团队在复杂多变的环境中保持稳定和发展。

再次，动态均衡的团队建设。领导力不仅仅是个体的特质，更重要的是团队的协同和合作。女性领导者需要通过动态平衡的过程来促进团队成员之间的沟通与协作，从而实现团队的动态均衡和稳定发展。她们需要学会在团队建设中保持动态平衡，不断调整团队的内部关系和外部环境的互动，以实现团队的共同目标。

最后，系统的演化与发展。将平衡视为一种过程还可以帮助女性领导者更好地理解团队的演化和发展过程。她们需要通过不断的调整和适应，引领团队应对外部环境的变化和挑战，实现团队的持续发展和壮大。这种动态平衡的领导理念有助于女性领导者更好地应对复杂多变的现实挑战，实现个人和团队的共同成长。

"领导力"是一系列个体与社会的复杂互动的循环系统,将平衡是一种过程的认识引入女性领导力的讨论中,有助于深化对领导力本质的理解,指导女性领导者在实践中更好地发挥自己的领导潜能,推动团队和组织健康发展。

四、如何找到平衡

责任的形态构筑了一个人的价值,尽管每个人的实体都以极其复杂的系统呈现。纵观人类社会发展,女性往往被赋予特定的符号和象征,这些符号和象征不仅反映了社会对于女性的期待和价值观,也影响着女性自身的认知和行为。首先,女性在社会中常常被视为某种象征或符号,比如母性、美丽、柔弱等。这些符号和象征往往被社会文化所塑造和传播,形成了对女性的一种固定化的认知框架。例如,母性符号体现了女性的生育和抚育角色,而美丽符号则强调了女性的外貌和吸引力。其次,女性在社会中承担着特定的角色和责任,这些角色和责任也成了女性的符号。比如,在家庭中,女性通常被视为家庭的管理者和照顾者,承担着照顾子女和家务劳动的责任。这种家庭角色符号影响着女性在社会中的地位和身份认同。同时,女性也在不断地对社会符号进行反思和重新定义。随着女性地位的提升和性别平等观念的普及,女性开始挑战传统的社会符号,追求更多元化和自由化的身份认同。她们不再局限于传统的母性和美丽符号,而是尝试塑造出更为独立和自主的形象。

关于女性所承担的责任,在某种程度上,处于隐性与显性的界域之中。社会给予女性的符号化设置,使得"责任"一词在某种程度上制造了女性的自我认知和选择性苦痛,构建了生活的"隐性空间"。在这个空间中,"应该"

凌驾于自由之上，在权利与自由的罅隙中将女性困顿于显性的时空中，使得生活"正常运行"。而另外一个"显性空间"，即日常的生活又在他者中塑造女性的社会形象，呈现道德强制的色彩。我们自己首先要有很清晰的追求和价值选择，只有满足了自己要求的时候，才能真正利他。当你的价值选择，与人类、与他人、与这个世界前进的方向相一致的时候，主体与客体实现共谋，这个才是对的。当你自己足够强大，才有可能有更大的利他。

五、平衡是动与静、得与失……

让我们再次回到古典哲学中去寻求关于平衡的思考。从柏拉图、亚里士多德到中国儒释道所展现的宇宙与生命形态。静，是一种宁静、汲取、思考的状态，它意味着淡泊、幽雅、温柔和恬静。静的状态会让我们远离急躁、浅薄和轻浮。它让你有一种除了行为之美之外的心态之美和境界之美。动，是一种行动、变化、进取的状态，它意味着积极、热情、活力和坚强。动的状态会让我们远离惰怠、消极，对生活充满激情。在动与静的平衡中，你才能够让自己寻找到一种很好的人生状态。当我们用一种个体化的姿态去面对这个纷乱的世界，回到自身，与自己对话，根据自己具体的情况去寻找最适合的支点，当它最适合你的时候，你的整个状态就会是舒服的。

这里提出一个"舒服"的观念。这是一种很高的境界。无论我们对自己、对事、对他人，我们都要寻找那种舒服的状态。在哲学理念中，关于"舒服"，我们也许会想到古希腊的悠闲观念、古罗马适度的享乐观念、19世纪对于欲望作为自我实现的力量的沉思，以及佛教中的"般若波罗蜜多"，即智慧之道，现代实用主义的个体自由和选择，等等。哲学即为生活。这些都指向了我们自己的"身体"。"身体"在20世纪成为各类学科的重要关注点：

我们如何对待我们的身体？打破身体与心灵的二元对立，于流动中关照生命的意义。

　　总之，现实生活中，我们总是会面临各种矛盾、冲突与问题，也是在不断寻找平衡中行进。这种选择是由我们的理念和价值观决定的。平衡支点的选择，就是在矛盾体中去寻求最适合自己的最佳契合点。懂得得与失，明白有时放弃比得到更重要，放弃得多，得到的或许会更多，我们在得失平衡之间选择最适合自己的支点。每一次寻求平衡的支点的行动都呈现着个体的生命形态和自我选择的价值。

　　让我们共同前行。

　　俞虹：北京大学新闻与传播学院教授、北京大学电视研究中心名誉主任。曾任北京大学新闻与传播学院副院长、浙江大学广播影视研究所所长、浙江大学新闻与传播学系教授等职；多次担任国家级专业奖项评委。

女性，拒绝平庸

徐川子

从浙江大学电气工程及自动化专业毕业后，我选择进入了杭州供电公司。电力行业以男性为主，女性比例相对较低。我读书时所在专业的男女性别比约为 10∶1，而在工作单位中，男女比例大约为 5∶1。在这样一个以男性为主的行业中，我是如何成长起来的呢？我认为离不开两个重要因素：坚定信念和砥砺奋进。当你确定了目标后，持续不断地努力、坚持奋斗，无论处于何种环境、何种行业领域，我相信女性都能够取得卓越成就。

一、参加党的二十大感受

2022 年 10 月，我作为党的二十大代表，前往北京参加中国共产党第二十次全国代表大会，这是我作为一名共产党员一生中最光荣的时刻。我想用"六个最"来总结这段时间的经历和感受。

第一个"最"是"最使命光荣的行程"。2022 年 10 月 14 日，浙江代表团搭乘"诗画浙江"飞机前往北京。这架飞机非常漂亮，将浙江的标志性景色和建筑绘制于机身上，有大小莲花、杭州之门、西湖三潭映月、苏堤、红船等，宛如一幅水墨画。机舱内部布置得清新雅致，行李架上也充满了浙江特色元素，如八八战略、数字化改革、共同富裕示范区等。能坐这样的专机奔赴北京，我感到非常自豪。

下飞机后，很荣幸作为全团的代表接受了央视记者的采访。采访时间不超过一分钟，在这短暂的时间里，我说了一句话："即将召开的党的二十大，是中华民族迈向伟大复兴新征程中的一次盛会，必将团结带领全国各族人民，以更加昂扬的姿态，书写更加宏伟的篇章。"当天19时12分，央视新闻联播播出了这段采访，这完全出乎我的意料。19时30分，浙江代表团召开了第一次启动会，会上，时任浙江省委书记、现任重庆市委书记袁家军说："大家一起生活这么久了，互相先做个自我介绍。"当我第二个做完自我介绍后，袁书记对我说："你刚刚在新闻联播上说得很好！"这是一个非常意外的、来自省委书记的肯定，坚定了我接下来要好好讲述浙江故事的决心和信心。

整个浙江代表团的代表由"1＋27＋21"组成，即1位中央领导同志、27位浙江省领导同志、21位基层同志。当时我们看到了几组令人欣喜的数据：首先，21位基层代表都非常年轻，有9位是80后、90后，其中最年轻的是1994年出生的东京奥运会混合泳冠军汪顺。其次，在这21名代表中，有17位女性。这些数据充分展示了党和国家对青年人，特别是对女性的高度重视。

第二个"最"是"最激动人心的大会"。2022年10月16日，中国共产党第二十次全国代表大会正式召开。当习近平总书记步入人民大会堂的那一刻，全场响起长时间的热烈掌声。整个会场的布置庄严肃穆，是党中央倡导的简约而庄重的风格。总书记作了一份贴近民心、顺应党心民心的精彩报告，整篇报告收获了多次掌声，这掌声无疑代表着我们亿万人民对领导人发自内心的真挚拥护。

第三个"最"是"最神圣庄严的投票"。2022年10月22日，我们召开了全体会议，进行了正式选举，习近平总书记以全票当选。浙江省共有49名党代表，代表着全省426万共产党员和6500万浙江人民，因此，我们投出的每一张选票都代表着近 9 万名党员，这是一项非常庄严且神圣的工作。

第四个"最"是"最紧张兴奋的发言"。身为能源电力领域的代表之一，参加党的二十大对我个人、对浙江电力的全体员工都是一次宝贵的机会。我们希望利用短暂的开会时机，向党中央和浙江省委、省政府的领导，汇报浙江电力在过去 10 年间取得的成果，为此我们前期做了大量的准备工作。然而，在我发言的时候，仍然面临着很多突发状况，所幸经过努力都一一克服了。最终，我从三个部分进行了汇报。汇报完毕后，我们的工作得到了省委、省政府和众多代表的高度认可。

第五个"最"是"最忙碌的工作身影"。回想起在北京开会的那段时间，我仍觉得印象深刻。记得当时正值新冠疫情期间，除了集体前往人民大会堂参加大会外，其余大部分时间我们都待在宾馆。为了通过这个难得的窗口和黄金时间向全国人民讲述好浙江故事，很多时候，我们不仅要进行文字采访和电话采访，还要亲自参与拍摄、录制及剪辑。所以那段时间我们异常忙碌，经常晚上一两点才入睡。虽然很辛苦，但现在回想起来，依然觉得这项工作特别有意义：一方面，通过这样的机会，向大家生动讲述了我们的故事；另一方面，也告诉大家在工作中除了要有从事工作的专业能力，还需要具备向他人展示和报告工作成果的能力，我想这也是一种不可或缺的能力培养。除了采访和参加会议，日常我们还进行了学习和参观。那段时间，每一天都过得非常忙碌和充实。

第六个"最"是"最珍贵难得的合影"。我们在人民大会堂共举行了三次会议，每次会议中，代表团会以两个纵列的方式就座，第一排坐着省里主要领导，后排则按照姓氏笔画排列就座。我这个姓氏笔画比较多，排在"三环"开外，位置离主席台较远，很难清楚地看到总书记。拍大合影时，参与的人数超过 2000 人，虽然在想象中并不算多，但当我们真正走进宴会厅时，才发现场面非常壮观。当时的会议厅有两个出口，参与拍照的同志排成了一个环形，长度大约在 220 米到 240 米之间。大家都希望总书记能够从自己这一侧进场，这样就能近距离感受总书记的风采。很幸运，总书记确实从我们这一侧进了场，他边走边与前排的老领导、老同志们挥手问好。当他经过浙江代表团时，大家都兴奋地喊道："总书记好！"这也是我们离总书记最近的一次。后来收到这个合影的照片，展开后长 5.36 米，宽 0.25 米，这是我最珍贵难得的合影。

二、我的个人成长经历

我毕业于浙江大学电气学院，专业是电气工程及自动化，学这个专业的女生相对较少。为什么我会选择这个专业呢？实际上，这一选择是深受父辈的影响。我的父亲是电力系统中的基层从业人员，当时的变电站与现在有很大不同，我的童年是在变电站度过的，这一经历培养了我对电力事业的浓厚兴趣，对这个专业也充满了热爱。幸运的是，高中时我的理科成绩不错，因此高考填志愿时我毫不犹豫地选择了浙江大学电气工程及自动化专业。毕业后，我选择回到家乡（杭州富阳）供电公司工作，并被分到了最基层的计量班。计量班组主要负责电能表的安装和维护，这项工作既对体力有要求，又存在带电作业的危险性，所以女性从业者较少。当时，大家一致认为这项工作更适合男性，女性可以从事办公室台账、考勤等工作。我很不服气，对于浙大毕业的我来说，学了四年的电气专业，为何不能从事专业性的工作呢？既然男性能胜任，为什么我们女性就不能呢？因此，我坚持跟随老师傅们出去执行外勤任务。

但在实际投入工作后，我面临了极大的困难。在夏季，户外温度高达三四十摄氏度，而配电房内，由于空间有限，加上变压器的运转会产生大量的热量，温度可高达五十摄氏度。在这种高温环境中工作两三个小时后，整个人仿佛是从水中捞出来一样，身上会布满厚厚的汗渍，甚至会结盐，而且从一个工作地点出来后很快又要赶到下一个工作点，这对于女性而言，确实是一项巨大的挑战。但我不愿意认输，不仅是因为自己已经向师傅表态了要去现场工作，更重要的是，我发现每天外出能够学到许多新知识，比如：在课堂上学到的关于暂态稳定、变压器、电流互感器和电压互感器等理论知识，它们在书本上只是一些抽象的图形，然而在实际工作中，却能够与实践紧密联系，这使我觉得学到的知识变得更有趣了。同时，在学习过程中，我可以真真实实地帮助老百姓去解决用电问题，每天会遇到的新问题就像开盲盒，这也让我感到非常新奇。我觉得与在办公室里处理烦琐的台账、资料等工作相比，外出工作对我而言更有意义，我在这个岗位一干就是 8 年。

在装表接电的工作中，有一个工艺叫作"铜鼻子"，它是将导线头部拧成一个圆圈，然后用螺丝固定在变压器上的一个环节。尽管看起来只是一个"小圈"，但实际上有很多细节要求。男同志由于力气较大，可能只需一个动作就能完成一个圆形铜鼻子的制作，而我力气小，需要多次尝试后才能完成一个标准的铜鼻子，因此我的速度通常会比男同志慢很多。为了弥补这个差距，在工作结束后，我常常会在办公室和家中进行练习。当时，我的女儿只有四五岁，经常帮我一起整理"铜鼻子"，还用一根导线将它们串成了一串串项链，现在回想起来，这段经历仍让我感到难忘。

通过不断打磨、精进技能，我积累了许多工作经验。2013 年以来，我参加了国网公司、中电联以及国家级的各种技能赛事，都取得了不错的成绩。很多人都觉得"你是学霸，考试考得好，本来就很适合参赛"，但其实背后需要付出很多艰辛。让我记忆犹新的是，当时杭州公司要选拔 3 名选手到省公司去参加装表接电的比赛，一起集训的全都是男性，因为考虑到女性力量和耐力不足，而且这样的比赛从来没有女性参加，让女选手参加单位也不放心。因此，那次我最后没有成为正式选手，只是作为替补选手一起参加了集训。2014年，国网公司选拔选手参加比赛，让每个地市推荐4名选手参加选拔，正因为我是那名替补选手，最后才有机会参加国网大赛，与108名来自各省（区、市）的选手同台竞技，并成为唯一获得个人名次的女选手。可能很多人不愿去争取替补选手资格，认为就算争取到了也没有参赛机会，但当我回过头再看，如果当时我不是那名替补选手，可能我的"比武生涯"就已经画上句号了。2016年，我再次参加中国技能大赛第十届全国电力行业职业技能竞赛装表接电工决赛，获得"电力行业技术能手"称号。所以，机会总是留给有准备的人，哪怕你觉得现阶段看起来好像没有用的努力，可能在接下来的某一天会再次帮到你。后来我的很多女徒弟也去参加了类似的比赛，也在这样的平台上获得了历练。

　　我人生的第二个阶段就是成立了自己的工作室，开始带领团队一起从事创新工作。我很幸运能赢得公司信任，专门成立了以我个人名字命名的融合创新中心。依托这个平台，我们开展了很多创新工作。2019年9月，我作为公司青年代表参加了在纽约联合国总部举办的可持续发展领导人活动周，并且获得了中国唯一的"2019年联合国可持续发展目标全球先锋"称号。当时我向来自世界各国的友人，分享了一张电子"碳单"，这张碳单的内容很丰富，包括用电情况、能耗评分、PK排名、用能建议等。游客扫"单"入住后，就能知道自己在住店期间的能耗和排名，能耗少的，可以赢积分抵房费，游客们都自发低碳入住。根据测算，小小的一张电子"碳单"，能够为酒店降低能耗近10%。在联合国的领奖台上，"低碳入住"计划被称赞为"向世界可持续发展贡献的中国答卷"。大家都惊讶于中国在绿色发展方面，在这样垂直细分的领域中，已经做到了如此细致，当时也受到中央电视台、美联社、路透社和法新社等多家媒体的报道。同时，我们以人工智能产业园为试点，推出低碳数智楼宇典型方案，依靠数字化手段，帮助楼宇每年提升能效超10%。该项目申报的技术标准成为杭州供电公司首个自主牵头立项的国际标准。

2019年9月，我参加完联合国总部论坛回来后，开始更多地考虑如何立足自身岗位，践行社会责任。2020年，面对突如其来的新冠疫情，为了帮助社区解决人员流动排查的难题，我和公司90后青年党员专门成立了"红船党员青年突击队"，那时感染风险大，大家都冒着生命危险在做这些工作。因为要到现场把做好的数据与社区进行校核和比对，非常多优秀的青年在这个过程中选择不回家，吃住都在单位。也有些人住家与单位距离远，一时半会儿回不来，就在家里进行数学计算、建模分析，等等。经过五天五夜的连续奋战，我们团队对16万低压用户、超过1000万条的电力数据进行了搜集分析，研发了全国首个"电力大数据＋社区网格化"模型，它可精准判断区域内人员日流动量和分布，有效助力政府精密防疫。同时我们把人员流动的数学模型应用于企业，全面优化升级电力大数据创新成果，在全国首创"企业复工电力指数"，推动企业科学有序复工复产。我们专门通过杭州城市大脑，一方面通过电力大数据检测人员的流动情况，另一方面检测经济的复工复产情况。

习近平总书记2020年3月31日来到杭州城市大脑进行调研，对电力大数据助力疫情防控和复工复产驻足称"好"。从那时候起，我们逐渐看到了电力大数据的价值所在，比如通过电力大数据来做环保的治理监督；在金融方面，电力大数据可以非常直观地呈现出小微企业的用电情况；在生活中，还可以对独居老人进行日常监测，因为他们的生活非常有规律，所以用电情况一旦发生了变化，我们就能通过模型计算出来，以便提醒社区的社工。现在的社工压力很大，许多空巢老人可能病倒在家难以被发现，因此我们基于电力大数据提供的服务，社工会觉得很好、很精准。

三、我的一点心得感悟

关于女性领导力，我觉得有四个方面非常重要。

首先，要汲取信念的力量。女性在发展的过程中也要有这样的信念，不要觉得某件事女性做不好，或者不如男性，我们要坚信这件事我能做成。只有拥有这样的理想、信念和初心，才能朝着目标不断努力，从而一步步接近自己的梦想。志向是奋斗的原动力，也是人生的定盘星，心有所信，方有所行。青春总是同梦想相伴，青年既是追梦者也是圆梦人，把自己的小我融入祖国的大我、人民的大我之中，从信仰中汲取人生的力量。

其次，要汲取组织的力量。我曾读过一本书——《匠人精神》，这本书讲述了成为匠人的30条法则，这30条法则里有将近20条都是在讲与人合作。比如：进入作业现场前必须先学会打招呼，必须先学会联络、报告和协商，必须成为一个不会让周围的人变焦躁的人，等等。因此，水滴只有融入大海才能拥有磅礴的力量，不要忽视他人的付出和团队的力量，尤其是在企业给的平台中，我们所从事的行业中的技术，都是在无数前辈、专家和同仁的贡献中发展起来的，站在巨人的肩膀上更应该懂得饮水思源，尊重他人的付出，感谢他人共同的努力，这样你的人生之路才能越走越宽。

再次，要汲取实践的力量。实践是检验真理的唯一标准，这是亘古不变的真理。稻盛和夫先生是受王阳明心学影响非常深的一位大师，他在《活法》里面写了很多，例如有一句"要跨越'知晓'与'办得到'的鸿沟，这就是知行合一，不在现场流汗什么也学不到"，以及另一句"倾听工作现场的'神灵之声'"。当时他创业不久，试做某个产品，放在实验炉中烧制时，产品不是这边翘就是那边曲，好像烤鱿鱼一般，样子十分难看。他到现场打开炉上的窥视孔仔细观察，发现产品随着温度的升高就会卷起来。他看着心里十分着急，突然产生一种"想把手伸进去从上面压住产品"的冲动。这时他突然想到，"我为什么不在烤的过程当中在上面压一个重物呢？压住了，产品不就不卷起来了"，后来他就这么做了，也成功了。所以我们要倾听工作现场的"神灵之声"，答案永远在现场。所谓大道至简，实干为要，一切机遇只有在实干中才能牢牢把握住；一切难题，只有在实干中才能迎刃而解；一切办法，只有在实干中才能见到成效。学习和实践是个人职业生涯中不可或缺也不可逾越的过程。伟大的成就总是和辛勤的劳动成正比，有一分劳动就有一分收获，通过实践积累人生才能迸发出最灿烂的火花。

最后，要汲取创新的力量。创新有多重要不言而喻。"心不唤物，物不至"，即我们中国人说的心想事成。只想想是不行的，迎面而过没有继续想是不够的，一定要睡也想、醒也想，持续强烈的愿望很重要。那要强烈到什么程度呢？《活法》这本书写到，你把人的身体的任何一个部位切开，身体当中流出的不是血，而是这种强烈的愿望，那就说明这个愿望已经相当强烈了。当你决定要做这件事情的时候，已经定好目标的时候，产生这种愿望的本身就是证据，证明你具备将这种愿望变为现实的潜力和力量。我在2008年工作的时候，也从来没有想过自己有一天会去联合国，有一天会到人民大会堂参加重要会议。当然，我也是很幸运能得到很多人的帮助，在浙大的光芒照耀下成长起来。但是如果你想都不敢想的话，可能就失去了努力的方向。

要以实现的状态，把彩色在头脑中陈列出来。你想做的事只是一个理念，没有想得那么具体是不行的，最好标记出颜色，还要考虑到每一个细节。例如，如果你在考虑一个设备，这个设备的外观是怎样的？它是怎样拆开的？拆开以后里面又是怎样的布局？每个元器件是怎样摆放的？当你考虑到这么细致的时候，你的目标一定能实现，我觉得我在做的过程中，也是按照这几步来的。

创新不是追求一时的兴趣，也不是追求一刻的灵感，而是始于学习和积累，最终由量变到质变的坚持过程。我认为，创新不全是高大上的事情，解决实际的问题就是创新，最好的平台就是岗位，最好的时机就是当下。之前我和很多人一样，觉得必须是造飞船、搞火箭才算创新，但很多人是在基层一线，难道就没有机会创新了吗？并不是。创新就是解决实际的问题，只要你对工作有一点小小的改变，让流程更高效、更规范了，让用户更方便、更满意了，我认为就是创新。所以，无论在什么时候，你都要敢于创新，善于创新。

■ ....

徐川子：党的二十大代表，共青团浙江省委员会副书记（兼职），国网杭州供电公司融合创新中心主任。

因为热爱，所以坚持

吴丹

我觉得无论哪行哪业，唯有怀揣一颗热爱之心，唯有每日充满激情地投入到工作中，才会有满满的成就感和价值感。否则，长时间的工作积累下来，可能会让我们对职业的意义产生怀疑。因此，无论选择哪一份职业，首先应当是出于热爱，才能够让自己的工作更有意义，更具有个人价值。就我自己而言，无论是对学术的投入，还是对教书育人的执着，都源自我对它们的热爱。

一、直面挫折，在磨砺中成长

我的本硕博阶段都在生物医学工程专业学习，之后又义无反顾地回到了母校浙大生物医学工程与仪器科学学院。也就是说，从2004年进入本科到如今，我20多年的人生历程都是在生物医学工程这一学科中度过的。

我的人生历程总体来说比较顺利，但是每个人的成长过程中肯定都有起伏，只是大小的区别。我人生中的第一个挫折就是高考失利。整个高三暑假，我都是在阴影中度过的，基本不出家门。父母给我进行了很多心理调节和辅导，但直到上了大学之后，我才慢慢走出阴影。

本科毕业后，我选择出国留学主要出于两方面的原因：首先，我对欧美文化感兴趣，想出去历练一下，拓展视野，这是很强烈的一个初衷；其次，当时在生物医学工程专业领域，美国比我们早起步很多，我想去更好的学校学习知识。但现在，这个因素不一定存在了，在有些学科领域上，我们已经差不多齐平甚至赶超了国际先进水平。另一方面，不少学生觉得，既然要用人生中最美好的 3 至 5 年时间读研深造，在提升能力、获得更高学位的同时，为什么不出去看看？所以选择出国，不仅是学识提升的一种途径，而且对一个人的人生观、价值观和世界观的塑造都是有益的。我常鼓励学生多出去看看，我的课题组每年也会有两三位学生被中国留学基金管理委员会公派留学。能去国际顶尖高校历练，很有意义。

但其实，我自己的留学过程比较艰辛。我自认英语不错，能够适应国外生活，但直到去了美国后才发现，这对我来说是一项比较大的挑战。其实不管是托福还是雅思，都只是应试化的英语准备，到了国外会发现完全不一样。国外的研究生课程很难，特别是有些专业词汇，必须要经过一段时间的训练才能掌握。当时在约翰霍普金斯大学，我们专业有一门主课"System Biology"，涉及生化的内容。关于这个科目，我在本科阶段涉及较少。当时，我很认真地听了一节课，但还是有一些概念没有理解，例如生化概念中的"钠钾离子通道"，由于我没有听懂钠、钾两个英文单词，因此没能理解老师讲解的知识。此外，电路课程中的电容、电阻等专业名词，我也没有很快理解。因此，在课堂两小时之外，我都需要半天的时间去理解课程内容。但是付出很快有了收获，我用了半年时间就适应了语言。

出国读书不仅是学语言，更重要的任务是学知识、做科研。由于我的专业要求硕士毕业有论文产出，压力还是很大的。当时，我的印度导师说："你在硕士第一年如果没有成果，第二年要怎么去读博或者找工作呢？"他说得对，但我因为课程，实在没有时间去做科研。另外，上课教室和实验室不在一个校区，出于安全因素，我怕做实验太晚不敢自己一个人回家。当时导师的一句话我记得很清楚，他说："你不能第二天早上再回家吗？"此后一段时间里，我经常在图书馆边查资料边啃个面包再跑回实验室，过"两点一线"的生活。这样的日子虽然特别辛苦，但进步也特别大。我在硕士一年级的时候，就把硕士两年所有重要的课程全部修完了，而且第一年差不多完成了两篇期刊论文。所以，必须要有一定的压力，但不能过度。出国这段时间，起码有一年的时间让我觉得很阴暗，但是过了一些关卡之后，自己的能力也有了质的提升。

博士阶段，我的生活有了转折——换了研究方向。博士期间，我的导师很好，他不是用打压的方法来推动我，而是在工作上对我悉心指导，我们每天都会进行讨论。因此，即使我换了方向，还是用三年半的时间拿到了博士学位（当时约翰霍普金斯大学的平均博士毕业年限是 6 年，学生们差不多是5—8 年毕业），这就是我努力和幸运的结果。我在博士毕业后的第一年，拿到了助理教授的职位以及两个基金项目，在此过程中，我也获得了导师的很大帮助。

2018 年，我选择了回国。当时我的很多朋友与导师都不能理解，因为我在国外的成就得到了导师的很多帮助，特别是当时我正在主持美国国家所（NIH）的三个项目，如果顺利的话，再过两年就可以拿到副教授职位。虽然回国对我来说是种艰难的决定，但从长远看，这是一个正确的决定。回国后，我经历了很长的适应期，建立实验室的初始阶段相当于重新创业。因为我在2018 年回国时错过了招生季，所以实验室里大大小小的事务都是由我一个人来操办，包括建立实验室、购买仪器设备、报销走账、做实验、搭建仪器系统和寻找临床资源。第二年，我有了第一个学生，第三年有了三个学生，到现在已经有二十来名学生了，我也已经度过了最初艰难的实验室成立阶段。

年轻的时候，辛苦一点、多加班还是可以接受的，但是心理上的不确定性对我来说还是有很大影响。我不太确定已经适应了美国科研环境的自己，回国后能否快速适应这种体制上的差异，这种不确定性也是我面对的最大的压力。回国后的前几年，我花了太多时间在其他事情上，导致科研成果不太多，后来我的科研才慢慢做起来，这也算是触底反弹的过程。幸运的是，2022年，我通过了浙江大学长聘教授的考核。

回看我的人生历程，在各个时期都有高高低低的起伏，但其实只要走过了最艰难的时刻，就会有新的突破。

二、专注热爱，明确科研方向

每个学科都有很多方向，研究生阶段如何选择研究方向，其实也有一个探索试错的过程。生物医学工程是交叉学科，本科要完成生物科学、临床医学、基础医学等课程。此外，我们80％的课程属于生物信息类，包括编程语言，还有电路原理、模电、数电等，这些都是我比较擅长的课程，对这些知识的掌握给我打下了很牢靠的基础。

博士期间，第一年可以去不同的实验室体验几个月到一年的科研生活，再来选择合适的方向。我的第一个尝试是进入了以磁共振成像为方向的实验室，尝试后产生了浓厚兴趣。我选择磁共振方向的第一个原因是在核磁共振研究领域，物理原理是非常重要的。我很擅长物理学科，刚上了两门课，我就特别喜欢这个方向，而这也是获得过诺贝尔物理学奖的一项技术，我觉得它非常精妙，能通过这样一种探索来获取大脑的结构功能信息，特别有意思。开始科研之后，我发现需要把本科期间掌握的若干学科知识全部融会贯通，把物理知识转化为计算机程序，以此控制硬件设备工作。这时候，我才意识到本科期间学习众多科目的重要性。选择磁共振方向的第二个原因是磁共振成像技术更加偏向临床。在各地三甲医院，可能每天都会用到几百次，特别是在神经内科、神经外科，磁共振是一种刚需。自己做出有价值的、可以很快应用到病人身上的科研成果，让我这个工科生很有获得感。这就是我的研究方向从脑机接口转化为磁共振的两个原因。

从那时起，磁共振成像成了我未来在实验室不变的研究方向。每个人适合的科研方向，就是和自己的兴趣点、能力点相匹配的方向，因为你需要对这个方向感兴趣。不管是其物理原理、应用场景，我都很感兴趣，还可以实实在在地解决现实问题。从能力角度，我自信地认为可以比90％的人做得更好，这个很重要。做科研就是要做最顶端的东西，假设你的研究水平跟别人的差不多，那么，上升拓展的空间就会比较有限。所以，与你的兴趣点和能力点高度契合的方向，就是最好方向。它不一定是个热点，也不一定要很赚钱。我觉得，每个领域存在即合理，这就是最好的意义。

另外，不要太功利。在了解市场前景的前提下，还是要更加看重自己是不是感兴趣、能不能做好，这是寻找科研方向的过程。我的研究领域是磁共振成像，为什么我对它感兴趣？磁共振有一个称号——医学界的"荷鲁斯之眼"。有了它，我们不需要打开头颅，就能看到人脑的精细结构。人脑是非常精妙的，例如小脑，有像树枝状的结构；海马体，有负责记忆空间的结构；皮层有一些沟回和褶皱。这些结构都有各自的功能。那么，磁共振是怎么从功能和结构上来了解大脑的？磁共振有什么用？举几个简单的例子。人类大脑是怎么发育起来的？通过磁共振来研究，其实就是一种非常好的医学手段。大脑从胎儿时期到成年，不仅长大了，其结构也有着翻天覆地的变化。例如，大脑皮层的沟回，在刚出生或者是在胎儿时期是没有的；此外，大脑有一个衰老的过程，我们通过磁共振对人的整个生命周期进行了量化，而疾病更多地产生于生命周期的后半段。正常衰老的大脑和年轻人的大脑相比差异不大，但是一旦患了阿尔茨海默病，大脑就会发生非常大的变化，这叫"神经变性疾病"。现在这个疾病的患病率非常高，我觉得这个研究很有意义。还有很多精神性疾病，比如精神分裂症、抑郁症、心脏障碍，都是常见的精神疾病。那么精神分裂症的脑影像特征是怎样的？抑郁的特征是怎样的？两者的共性和差异性在哪里？我们可以引入一些神经调控方法，通过磁刺激或者电刺激去刺激大脑的某个靶点来缓解症状。刺激在哪里呢？我们的一些研究就可以得出结论，不同的疾病要治疗的靶点是不太一样的。

　　脑影像还可以和现代医学相结合。做研究总是要做比较尖端的、对现有技术有突破的方向。那么，我自己的科研是做什么呢？我想做得更加细致。例如，人的大脑可以从宏观的尺度、介观的尺度、微观的尺度去研究，我们想用更加精细的尺度去了解大脑，进一步提升磁共振的分辨率、速度，等等。通过各种方法提高空间分辨率，获取病例特征，甚至进行硬件设备的研发，通过更高端的硬件来支撑我们实现目标，这是现在医生还做不到的。在高场弥散磁共振成像的分辨率上，我们已经达到了国际领先水平，差不多达到了神经元细胞的尺度。之后，我们还开发了基于弥散磁共振微结构的重建技术，应用于临床，提升肿瘤诊断的准确率。目前，临床的方法是要把病理组织取出来看病理特征，而通过我们的磁共振技术，甚至可以无创地获取病理组织在显微镜下的一些特征。因此，临床医生们很感兴趣，主动和我联系，希望使用我们的技术。

　　总体来说，我觉得自己做的东西是有价值的，国内外50余家机构，超过2000例的患者队列都在使用我们的技术。我们在肿瘤甚至是精神性疾病上，都验证了这些新技术的诊断价值。另外，我们的很多技术还和业界合作，得到了业界和临床用户很好的评价。对于我们医学影像来说，最主要的四家公司是德国西门子、美国 GE 和荷兰飞利浦，以及国内的上海联影公司。这四家公司，我们都有参与合作，并且得到了很高的认可。跟这些公司一起开发设备并进行广泛的国际合作，是技术输出的一种形式。

正如麻省理工科技评论专家说的，"我们的工作是在不断刷新医学影像分辨率和成像速度的极限"。简单来说，我们的科研是在研究现在可能还做不到的事，或者说是让磁共振发挥更大价值的事。接下来，我们还将把传统磁共振技术与其他领域的新技术相结合，包括硬件设备、人工智能算法的提升等。作为交叉学科，各个学科的进展都可以推动我们的进步。

三、坚守初心、矢志拔尖育人

我对工作的热爱，以及每天早上起来都迫不及待地想要奔赴实验室的心情，除了因为在科研上有很多问题没有解决，还因为我热爱教学。我特别喜欢跟学生们相处，特别是学生在我的指导下获得了一些比较好的成果，这比我自己在科研上取得成绩更加让我开心和动容。

我的实验室团队里，研究生占大多数。我平时 50% 的时间都在跟我的研究生们一起讨论课题，但我在本科生身上也花了很多时间，特别是在浙大本科生拔尖创新人才培养的大背景下，本科生的科研也是非常重要的。我的很多本科学生甚至在大一、大二阶段就开始进入实验室了。只要愿意来我实验室里学习的本科生，我从来不拒之门外，但是能够做到多好，更多是看他们在科研上花了多少时间。我作为学校创新创业学院"启真问学"平台的导师、校团委"青青计划"培养工程的跨平台跨专业导师，带了很多本科生，也带领他们在各种比赛中获奖，甚至是发表论文。此外，我也开设了三门本科生课程和一门研究生课程。

学术是一种传承。我为什么热爱教学？是因为我在我的导师身上获得了太多，所以我希望也能将同样的东西传递给我的学生，这是我的初心。我本科时的导师是封洲燕老师，我在她的实验室里待了三年。在我还是科研小白、不知道研究要从何做起的时候，封老师就给我定了一个非常具体的课题——用算法来去除噪声。我首先需要证明这个算法的原理是可行的，所以老师就帮我在采集的信号里面挑选那些具有代表性的、比较能够说明这个算法优势和劣势的信号，再交由我处理。她的经验非常丰富，一下就能看出来某段信号合不合适。为了让我能够比较好地完成课题，她就一段段地帮我筛选出适合我做课题的数据。她是这样带我上手的，我非常感谢封老师。

我的硕导是尼蒂什·塔科尔（Nitish Thakor），因为他开了公司，所以确实也很忙。这时候怎么办？学生是要追着老师去问问题的。我有时候甚至追着他下楼梯，追着他去车库，用这十来分钟的时间跟他交流学术课题。老师肯定很愿意给学生时间，但有时候更需要学生自己发挥主观能动性，更加主动地去联系老师。

我博士和博士后期间的导师是莫里（Mori），一位特别有学术范的老师。他教会了我一件事：你要做的东西一定是自己特别感兴趣的东西。他是真的因为感兴趣，才会去做研究。他很传奇，他在日本拿了渔业方面的硕士文凭（跟磁共振方向不沾边）。硕士毕业之后，他因为热爱运动，又成了摩托车赛手。他是真的喜欢什么就干什么。他之前没有尝试过真正的科研，是陪着他太太到美国读书才接触到磁共振，之后就特别喜欢这个方向。他在博士后期间发明了一项非常重要的技术，这个技术在所有的磁共振机器上都在使用，非常出名。他也仅用了约 10 年时间，从博士生晋升到正教授，非常成功。现在，他提前退休了，告诉我说："我感觉已经做不出当时登峰造极时那种接近诺贝尔奖的成就了，所以就选择提前退休。"他重新回到了日本，又成了一名摩托车赛车手。

他们三位不仅在课程上、学识上是我终身的导师，对我的其他方面也有很大影响，我们现在也保持着联系，甚至也会一起出书，等等。这三位老师对我很重要，也影响了我怎样去带我的学生。

我举一个例子。她叫吴佳妮，现在已经出国读博了。当时，她和她的三位室友都在我的实验室做科研。她专业第一，是一个专注度非常高的学生，也特别努力，知道自己想干些什么。只要她觉得现阶段这件事情最重要，她就真的可以把其他事情都排除掉。我当时鼓励她去参加创新创业大赛，她认为当下应该把研究工作做好后再参加比赛，而且真的说到做到，在第二年参赛，也取得了比较好的名次。每个暑期，我们专业会去临床医院的科室实习，因为我让她做的是婴幼儿脑发育方向的研究，她就去了儿童医院放射科实习，每天都待在这个科室。其他学生会因为好奇而跑去不同的科室看看，而她就始终在这个科室里待着，非常专注，用一个暑假的时间完成了一个小课题。我一般都会给本科生简单的课题，她一开始也是做简单的课题。到了大三，她主动选择承担一个比较困难的课题。我当时非常没有底气，但是她在本科期间完成了这个课题。后来，我推荐她去了国外一个很好的实验室，那边的老师后来给我反馈说小姑娘做得非常好。她在两个月的时间里，出了两个摘要，做成了两个工作，非常不容易。她说自己从大三开始就没有一个双休日，因为在忙碌的学业中，做好科研是很花时间的，她在实验室的出勤率确实比我的大多数研究生都高。

四、执工程技术之笔，绘生命之蓝图

对于女性来说，做学术有自己的优势和劣势。优势包括思虑周密、亲和力强；直觉敏锐、观察力强；沟通高效、协调力强；坚韧踏实、务实性强。比如，女老师做报告条理特别清晰，甚至有一些项目答辩也特别容易打动人，这些都是很明显的优势。

与此同时，女性的确也存在一些不足之处，第一个就是自信心不足。我自己只有在一件事做到百分之八九十的时候，才会比较自信地认为这件事情做好了。学术是需要探索的，没有人告诉你最终能不能做成功。这个时候的自信心不足，会影响你去做一些具有创新性的事情，因为你会担心失败。自信心不足怎么办？就是要把每一件事情都做好。你知道自己能做好这些事情之后，自信心就会增强。

第二个不足可能是决断力不足，即"选择困难症"。我在本科阶段会在不同的研究方向上都试试，因为不确定自己想做什么，或是特别喜欢做什么。很多学生都会出现选择困难的情况。比如，我跟我的学生介绍实验室 ABCD 四个课题，问女生们喜欢做哪个？大多数的回复是"不知道""都可以"。相反，很多男生会主动地跟我说："吴老师，我想去尝试一下这个事情。"

第三个不足可能是信息掌握能力不足。对于理工科女生来说，平常逛论坛少，关注时事也不多，但男生看的东西可能会稍微多一点，知识也会更加广博一些。让我比较有感触的是一位男生对我说："吴老师，我把你的论文都读过一遍，确定你这个方向是我接下来想做的方向。"对此我很感动。因为他不仅是听了我的报告，还向其他同学打听我实验室的情况。我相信他其实也没有完全读懂，但是他有主动去看老师文章的这种意识，懂得关注老师的数据，选择自己去看、去感悟。所以，你要做出一个正确的判断，要掌握足够多正确的信息才可以。

第四个不足可能是家庭的牵绊。女性的家庭责任很多，基本做不到家庭事业完全平衡。特别是在我有了两个孩子之后，做科研的时间就不如我的男同事多了，因为晚上做不了科研，周末也只有一些时间能用来做科研，进度肯定会慢一点。怎么办？我只能列出优先级，把握主次，再把团队培养好。我觉得我的团队建设还是不错的，即使我不在，团队还是能正常地往前走，这帮我省了很多时间。

当然，我在家庭上的付出肯定也会少一点，但我还是希望尽可能多关注孩子。孩子经常跟我出去开会或者做其他事，他们会知道我的工作是什么样的，甚至可以从我身上学到努力的意义。我觉得虽然不能做到两全，但是可以努力达到最好的平衡。所以女性在择偶的时候，要找一个能够支持你的人，要找一个志同道合的终身伴侣，这非常重要。

当然，也不用太害怕。从做科研这个角度来看，国家和社会也意识到了女性婚育问题，对女性的支持态度和政策帮助都是持续向好的。有越来越多的政策支持女性更好地投入科研，也会帮女性减轻负担，从而让大家能够在社会上发挥更大的价值。所以，女性的学术领导力跟其他领域差不多，要懂得发挥自己的优势。作为女性，我们要做的就是更坚定、自信、从容一些，慢慢地把工作一步一个台阶地向上提升。

■ ....

吴丹： 浙江大学求是特聘教授，中国青年五四奖章获得者，国家海外高层次引进人才，浙江省"鲲鹏行动"计划专家。

流水不争先

付琳

一、看见

在谈论女性领导力的时候时常会出现两种误解，一是认为优秀的女性领导者一定是犀利强悍的，甚至需要呈现更为权威型的男性主导力的状态；还有一种误解则是认为女性领导者非常容易陷入到感情用事的陷阱里，在处理问题、面临压力的时候容易情绪化，失去对事情客观和理性的判断。

我的职场经历中有3—5年从事的是财经类节目，所以我接触到很多金融领域的专业人士，他们承认，投资人天然地认为女性创业者或女性创始人在碰到困难的时候，第一选择很可能是回归家庭，结婚生子，依靠老公。也有很多人认为，女性在面临困难的时候，不可能像男性那样把所有的力气和状态都投入进去。他们觉得，不是所有的女生都可以做到这一点，甚至在职场招聘的时候也时不时会出现这种先入为主的观念，这让我身边很多非常优秀的女生觉得很委屈。我明明付出了比别人更大的努力、更多的尝试甚至更多的牺牲，为什么还会有这样的偏见？这就是我们看见的，女性面临的一些偏见和被误解。

在新冠疫情大环境下，近几年好莱坞电影市场有很多空窗期，但也出现了《花木兰》《神奇女侠》这类女性英雄题材的电影，影片当中女英雄们的风头甚至盖过了男主角。我们也看到越来越多的影视剧是以女性力量和女性题材为主的，比如说大女主电视剧《甄嬛传》，还有这几年比较火爆的脱口秀、喜剧大赛中也有很多受欢迎的女生出现，比如"鸟鸟"——北大的硕士。

哥伦比亚大学有一个女性领导力研究中心，叫作"雅典娜中心"。这个研究中心里的社会学家针对女性在领导力方面能做出什么样的贡献，或者对女性领导力应该有怎样的认识，做了很多研究。雅典娜是希腊神话中的智慧女神，深受人们爱戴，但与此同时，她也是热爱和平的战神。智慧、和平、战争，这些看似充满了冲突或者不和谐的词，在一个特别受人喜爱的女性形象身上同时出现。有一本书，叫《雅典娜原则》，也是专门研究领导力模型的。这本书谈及，在这个时代，女性领导力特质和男性领导力特质的边界已经越来越模糊，很多原本固有的偏见受到了不同程度的挑战。所以我们在看见偏见的同时也在看见变化。

二、"社恐"往昔

大家可能很难相信，浙江卫视一个所谓的台柱子，一个重大新闻事件都交给你来完成的一个主持人，会有"社恐"的一面。其实不只是在大学时期，包括初入职场的前半段，我都很频繁地表现出了这种状态。

为什么会"社恐"呢？首先，在我就读的浙传播音主持系，颜值巅峰、情商巅峰的人都汇聚在一个班里。男同学一个比一个帅，女同学一个比一个漂亮，他们都是从全国各地海选上来的优秀孩子，可以说那时除了北京广播学院之外，浙江传媒学院是播音主持的另一个摇篮，很多优秀的学生都从那里走出。我不是明艳型的大美女，很长时间我都安慰自己或许只能走气质路线，或者属于耐看型的。所以在这种情况下，尤其是在学生时代，在身边同龄人都十分优秀和光鲜的情况之下，我是有一点点自卑的。

回想起那个阶段，我的自卑不仅来自所谓的容貌焦虑，还有能力焦虑，以及情商和性格，等等。凭借还不错的基本功和过得去的屏幕形象，在毕业那年的校招中，我收到了山东卫视和浙江卫视两个省级卫视初试通过的通知。当时开开心心地跟另外两名收到通知的同学坐着绿皮火车，晃晃荡荡地到了山东电视台，也没有任何准备，化了个妆，出了个镜，然后又开开心心地回来了，就当完成了一趟旅行。果不其然，山东卫视没有录取我，我们三个人当时都没有被录取。但是浙江卫视抛来了橄榄枝。

进入浙江卫视之后，我前几年的工作状态依然是"社恐"的呈现。为什么？跟我同期考进浙江电视台的三个同学，有一个人很多人比较熟悉——朱丹；另外一位同学因为一些原因，现在不在电视台工作了，但当时他进台之后做的节目是新闻联播。在所有的新闻节目中，新闻联播的地位是不可撼动的，能做这档节目的主持人一定是专业备受认可的；而我那时在做晚间九点档的民生新闻。

那时是综艺节目非常受欢迎的阶段，比如《我爱记歌词》《男生女生》等。朱丹和华少都是那个时期成长起来的主持人，他们的状态是鲜活的、热闹的、热烈的，他们的职场生涯是最值得拿出来分享的。但恰恰是那个阶段，我在做一个关注度没有那么高的节目。这种状态持续了三年，这档晚间新闻改版之后被改没了。作为一个主持人，节目没有了，意味着有下岗的可能，至少要转岗或是转做后台去从事另外的工作。但此时有一档新节目叫作《今日证券》找到了我，这是当时全国唯一一档在省级卫视播出的财经类节目。在网络和短视频不是很发达、获取信息渠道不太通畅和丰富的年代，人们对炒股这件事又有着极大热情，我的很多中老年粉丝是在那个阶段积累的，他们每天守着电视看，不是看我，而是看这档节目里金融领域专家对当天股市的分析和对市场的判断。

对于我来讲，那个阶段其实是痛苦、恐惧、窘迫的。我是学播音主持的，对数字指标，对股票软件，对市盈率、市净率等各种专业名词完全不懂。初期我痛苦到了极致，因为我是学播音主持的，应该去播新闻，而不是推荐股票。我是一个科班毕业的学生，我有那么优秀的毕业成绩，我觉得我在大学所学的技能在这里得不到发挥，各种指标数字的噩梦对我来讲特别可怕。更何况我还"社恐"。那档节目巅峰时期每天至少一个小时的直播，需要跟三个嘉宾去提前沟通，去聊节目里要做什么，在节目中还要继续跟嘉宾进行访谈交流。这个过程中，我"社恐"到一句话都不想说，但是不说又不行，如果不说今天节目讲些什么？那就要开天窗了。所以我的"社恐"是那时被调教过来的。今天可能很多人也会给自己贴标签，说"我是社恐"，但其实不要担心，总有一天，不管是生活还是职场，会把你们的"社恐"变成"社交起来让社会都恐惧"的状态。

三、滔滔不绝的改变

由于网络逐渐发达，短视频越来越丰富，人们获取信息的通道越来越多，证券节目延续了五年后，在时代的推动下被取消了。因为人们不再需要通过每天定时定点地守在电视机前去看几个人讲话来获取证券信息。这档节目没了的时候，我又一次面临一个很窘迫的状态，该怎么办？

在得知这个消息的时候，其实我已经给自己想好了四条后路：当编辑、转行政岗去行政部门、继续在一线当记者、回家生孩子。但是你之前付出的努力，一定会在某一个时间点给你回报。在我得知证券节目被取消的第三天，还在纠结接下来该怎么办的时候，有一档新闻评论节目——晚间九点半的黄金档，横空出世。当时晚间九点半有湖南卫视的《快乐大本营》、江苏卫视的《非诚勿扰》和我们浙江卫视的《我爱记歌词》和《中国好声音》，这意味着每一分钟甚至是每一秒，播这些综艺节目的广告收益是以亿这个单位来计算的。但是浙江省委、省政府和我们台领导有魄力，愿意拿出 10 分钟的时间，做一档全国绝无仅有的新闻评论节目。在寸时寸秒寸金的时间段中，领导们综合考虑的结果是由我来做这档节目的主持人。

做那档节目的压力其实很大，因为它主要围绕省委、省政府的主要工作进行宣传，而我之前播的是民生新闻和财经类节目。我后来问过领导，为什么会找我来做这档节目？当时领导的回答是"因为你有经验，我们看过你在访谈节目中跟嘉宾交流的状态，觉得你能完成在这档新闻评论节目里跟其他嘉宾的交流。你从一个非财经类科班学生成为证券节目的主持人，一直到你考取证券资格证，我们看到你的学习能力是足够的"。当时虽然领导只给了我这两句话，但我听着特别激动，到现在依然心存感激。那么，既然上天愿意眷顾，既然命运给了你机会，既然领导愿意相信你，就要硬着头皮继续在新岗位上发光发热。

从那一年开始，我开启了另一个阶段。我比之前工作更拼命、更认真。我去过监狱，去过墓地，去过各种各样大家想象不到的采访场景。上山下海，去过森林，走遍田野，那个时候的江河湖海对我来讲皆是做节目的舞台。我也会在零下 30 摄氏度的冬天穿着上镜装和高跟鞋在户外，我记得非常清楚，那个地方是下姜村，是梦开始的地方。我在那里做一期电视理论节目，叫《中国共产党为什么能》。

大冬天里，我和嘉宾在零下 30 摄氏度、周围是漫天白雪的环境里站了三个半小时，节目录制结束之后脚都是麻的。我也经历过很多重大报道，比如 2016 年的 G20 杭州峰会、"双 11"特别直播、世界互联网大会特别直播等。慢慢地，我发现有越来越多重要事件的直播报道交到了我手上。在 2016 年 G20 杭州峰会上，我有每天两小时的直播节目，连续三天，是除了央视媒体之外，G20 杭州峰会省级媒体当中最重要的一档直播。我又一次去问领导，这总不会也是因为我有学习能力，或是我有嘉宾访谈的能力，所以把这些工作也交给我吧？然后领导看了我一眼，说"让你去做，你就认真做，把它做好就可以了"。没有再跟我说任何一句多余的话。我就回到了自己的岗位上，继续按照指示认真做、努力做。

我发现一路"打怪升级"之后，经验值、战斗力都会随之大幅提升，我的所谓"江湖地位"，也因为这些重大节目的加持而慢慢地提高了。越来越多台里的年轻人会叫我付老师，我也欣然答应了。我发现当你愿意为你所拥有的机会付出努力之后，你是有底气接受身份上的转变的。

我很庆幸台里给了我这些机会。也因为这样的工作机会，我得到了很多荣誉。我除了是主任播音员、新闻一等奖的获得者之外，还获得了浙江省 G20 杭州峰会宣传工作的突出贡献个人奖、世界互联网大会宣传一等奖。在 2021 年建党百年的时候，中央广播电视总台开启了一场大型直播，叫作"奋斗百年路，启航新征程"——《今日中国》。这档节目通过每天一个省份三个小时的直播，展现我们国家建党 100 周年的过程中各地发生的变化。我作为浙江省的主持人走进了总台演播室，跟央视主持人搭档完成了有关浙江的这一期节目。

四、女性领导力

提到女性领导力，需要具备的很重要的特质，是自信，是专注，是有明确的目标，是高情商。很多时候，低估女性潜力的恰恰是女生自己。杨笠有个段子非常火，她说"男同胞们明明那么普通却那么自信"。这个段子为什么会得到很多女性朋友的认可，是因为很多女生明明那么优秀，却还在追求完美。女生对自己的评价普遍低于她们实际展现出来的能力。无论面对什么境遇，很多女性身上的韧性可以帮助她更好地渡过难关，所以请大家一定要坚定地相信自己。这一点在近几年，尤其在00后的身上有更为鲜活的表现，有越来越多的女孩子更加清醒也更加自信了。

　　第一点是自信。怎么获得自信呢？自信分为向内求和向外求。就我个人而言，我的自信通常来自别人的赞扬、领导的肯定、身边朋友的称赞，从名列前茅的成绩里来，也从通过努力克服苦难的成就感中来。这样的能力也让我在面对很多困难和不自信的情况时，不再慌张无措。向内求的话，自信源于勤奋和认真。我很喜欢刘德华，我女儿则喜欢任嘉伦。我问她为什么，她说："他帅，眼神好深情。我问还有其他原因吗？"她说："他好像挺努力的。"当天晚上我就刷到了一条专访刘德华的短视频，刘德华说："不管你有什么样的能力，有什么样的本事，有什么样的江湖地位，在今天你依然要努力。"我也想说，自信来源于持续不断的努力。

　　自信也来自对自己生活的掌控能力。前段时间在忙碌完党的二十大的节目之后，我有三天可以自主安排的时间。当时我设想得非常好，要健身，做美容，做指甲，给车子做保养，再好好陪女儿。但实际这三天我是怎么过的？我在家里躺了两天，躺到了觉得世界就是自己的，我才是这个世界的主人。掌控力来自自律，不自律的话一躺可以躺好多天。躺平这件事可以做，但是要适度，不要一直躺平。自信也是清楚自己的弱点和短板但依然热烈地爱自己，可以让你更清醒，对自己有更大的认可。认可自己可以远离PUA。在知道自己有哪些缺点、不足和短板的时候，还能够非常热烈地热爱自己，让自已远离危险。

第二点是目标明确。我发现我的目标和理想在每个阶段都非常明确。刚工作那几年，我的短期目标是自力更生，不再伸手跟父母要钱，理想是能够拿到主持人界在全国的最高奖项——"金话筒"（这个奖现在成了"金声奖"）。做证券节目时我的目标是不出错，不要被观众写信批评，理想依然是拿"金话筒"。证券节目被取消之后，我的目标就是赚钱养活自己，理想不再执着于"金话筒"，而是希望更好地享受生活，能来一场说走就走的旅行。现在我的短期目标是每一档直播、每一档节目、领导交给我的每一个重大任务，我都以参评获奖的标准为底线来完成它，理想是让我们的节目传播率更高，在短视频对传统媒体冲击极大的传播环境之下，能让更多的人看到我们的节目。即使目标和理想听上去很空洞，但它可以帮助我在人生每一个阶段找到自己想要做的事情，并且为这件事努力。即便当下会迷茫，有困顿、有窘迫，也能够因为自己的努力而有一定的缓解。

第三点是高情商。"高智商，不如高情商。"在步入职场、走上工作岗位之后，智商和学习能力一定会帮助你，但是更重要的是情商。"埋头做事之后，也要学会抬头笑脸迎人"，这话听上去有点现实，但真的很重要。就我个人而言，我步入职场初期，也是情商低，不喜欢跟领导打交道，甚至领导在五米开外的时候，我人已经躲开了；跟同事之间的交往也仅限于工作沟通，基本不会跟同事出去吃饭；甚至需要跟嘉宾提前沟通节目内容时，我都是"能以文字形式发过去，绝对不会发语音跟他多聊一句话"的状态。其实那并不是特别好，也不是特别适合。怎么办？情商其实是可以练出来的，是可以通过职场经历练成的。

请自信，热爱自己；请专注，一定要有目标和理想；请练就自己的情商，因为这会在你未来的工作场合中对你有很大的帮助。

　　我最近在看的一本书是冯唐的《有本事》，这本书最后写了这样一段话：请持续修炼自己最能够安身立命的本事，得志，行天下；不得志，独善其身。请淡定，请从容。当时看完之后，我觉得这简直就是说给我听的。我在总结自己职场经历和成长经历的时候，发现这就是我一直以来在做的事儿。

　　最后说回流水不争先，那争的是什么？是滔滔不绝，是让你这一条潺潺的小溪、细细的流水在经过了碎石、草丛，甚至是风沙之后还能够汇入大江大河。不是所有的小溪、水流都有机会汇入大江大河里的，可能在半路上，因为风沙、因为碎石，甚至是草丛的吸收它就消失了。所以我希望可以做的是在有机会让自己汇入大江大河之后，要在奔涌向前的大潮当中，找到和拥有属于自己的位置。

■ ....

　　付琳：浙江广电集团主任播音员，中国新闻名专栏《今日评说》主持人，获中国新闻奖一等奖、浙江省政府播音主持奖一等奖、浙江省政府优秀播音员主持人等荣誉。

美丽人生

余倩

一、世界因缺陷而美丽

我很喜欢一句话，"世界因缺陷而美丽"（It is the defect that makes the world beautiful），这个世界因为缺陷而产生美。

当我们去商店买钻石时，大部分时候会看到白钻，它的价值和价格由它的大小、净度以及色散决定。越好的白钻，越纯净，但是再纯净的白钻也比不上彩钻，它的价值远远在白钻之上，而且是我们想看也看不到、很少能接触到的一类宝石，但它们其实都是由碳按金刚石结构排列而成的。我是研究材料的，我们所有的物质世界，每一种东西，比如我们常说的铜、金、银，它们都是由原子按照一定的周期性规律排列起来的。碳，如果按照金刚石结构堆起来就是钻石；如果它混乱地堆在一起，就是一些非晶碳，比如我们电池材料里会用到的活性炭，其实它和钻石的原料是一样的，但它的原子堆垛的方式不同，就是一个个原子堆起来的方式不同。彩钻其实就是碳在按照金刚石结构堆垛的过程中出现了一些错误——碳原子被氮取代，钻石就会呈现出黄色；碳原子被硼取代，钻石就会呈现蓝色。这些就是金刚石结构中的缺陷所带给我们完全不同的美好。

在材料和物质世界中加入缺陷，是我们改造世界的一种方法和手段，也是我研究的主要课题。我们的牙能咬动的是纯金，但是纯度非常高的金，在它被做成首饰的时候很容易变形。比如说你用纯金雕了一朵玫瑰花戴在手上，可能洗个碗之后它就变成一朵烂的玫瑰花了，因为它的强度是不高的。我们在商店里看到的 24k 金、18k 金以及 14k 金，都是在纯金里头掺杂了别的原子，也就是加入了一些"缺陷"。这些原子加进去之后，金变得不纯了，所以我们把它叫作"缺陷"。但是这些缺陷是好的，它使金的强度变得很高，比如我们买的玫瑰金，它的花纹纹饰很持久，同时不会变形。

这些缺陷是肉眼不可见的，比如一个原子，你看得见吗？看不见，即使是人类最好的视力也看不见。因为在波长很长的可见光感知的范围内，我们实现的空间分辨率非常有限，比如最好的视力才能看到零点几个毫米，这和原子级还差了几百万倍。我们的原子，是一个埃或者是零点几个埃的量级，所以我们肯定不可能用我们的肉眼以及靠可见光看到这些东西。

我们的科学家非常聪明，他们说不能用可见光，但可以用电子，因为电子的德布罗意波是很短的。如果我们用电子的相干来成像的话，就会极大提高分辨率。因此，从 20 世纪 30 年代开始，德国的科学家第一次使用了用电子和物质相干来成像的方法，来看这个微观世界以及它的缺陷，并发明了一个仪器，我们叫它电子显微镜，然后由此发展的一门学科叫电子显微学。几十年间，电子显微学以及基于它的技术的发展，先后得过五次诺贝尔奖。在生物材料、化工、能源各个领域，你可以想象到的地方，都需要去看微观的世界。因为一个东西好或者不好，你总得知道原因，而这个原因在哪里？就在它的缺陷上，是缺陷在改变这个世界。

探索原子结构、分子结构、纳米结构以及它们是如何影响宏观性能的，我们需要用到一门学科，也就是我的专业——研究材料中的缺陷，并且用合适的手段去表征它，去发现它的规律和一些科学问题。比如说，我们用电子显微学研究了钛合金中的一种缺陷叫"孪生"，就像双胞胎一样，它是对称的，我们研究了它的一些演化规律。我们还研究了在钛合金中，氧原子在很大的原子晶格中的一个缺陷规律。我们在一种新型的高熵合金中，也通过研究原子级的这种缺陷以及它的一些规律，得到了对一些机理和一些材料新性能的认知。同样地，用电子显微学的方法来研究缺陷，我们发现在自然界存在和人类生殖繁衍一样的偶然性和特殊性。什么意思呢？比如说我们知道人是属于胎生的，我们是从胎盘长出来的，这意味着什么？就是说，我们在胚胎很小的时候就是个人，而不是说妈妈怀我们的时候先是怀了一只小猴子，然后这只小猴子慢慢长成一个人。意思是，我们从小就是一个人，然后我们再慢慢长成一个大人，一个老人。但是自然界还有一些生殖方式，比如说青蛙生蝌蚪，蝌蚪再变成青蛙。它刚生出来的不是一只青蛙，而是先产出一些卵，然后变成蝌蚪，最后再长成青蛙。这种生殖和繁衍的过程使得我们的自然具有多样性。

所以我们在研究物质科学的时候，会利用我们研究缺陷的这双眼睛，发现其实自然界也存在这样的规律，比如从一个结构的材料中长出另外一种结构。我们传统的理解是它是一个胎生机制，你需要生出来一个跟你结构一样的"小胚胎"，这个"胚胎"在一定的作用下慢慢长。所以这些例子其实都传递了一个信息，就是"缺陷产生了美"。

二、缺憾才是美丽人生的私人定制

人生很多东西是偶然的，这种偶然在当下看来肯定不是最好最优的，或者说不是最有希望的选择和路径。但就是因为某种缺憾，或者是你做了选择之后的一些"余音"，决定了你现在的人生的样子。

我高中毕业于重庆巴蜀中学清华北大班，当时的我如果高考发挥得好，是可以上清北的，但是氧气袋改变了我的人生。为什么这样说？当时我的母亲听说吸氧会让大脑兴奋，所以从她的外科医生朋友那儿拿来了一袋医用纯氧。我第一次吸氧就是在我高考的第一天早上。早上6点多钟，我的母亲就把我叫起来让我吸氧，我就睡在那儿，迷迷糊糊地吸了很多的氧。但是氧气吸多了会出现醉氧状态，就是想睡觉，所以我在写高考作文的时候直接就睡着了。我们的监考老师冒着风险提醒了我"你睡着了"，其实他们不能和学生有交流，但是他太着急了，他觉得怎么能在高考的时候睡着。他把我叫醒后，我把作文写完了，我记得我写得很感人，但是后来作文分很低。总而言之，我的高考成绩比较差，比我之前三次模拟考试的最低成绩还低了四五十分。这个就是氧气袋对我人生的改变。我们那一年是第一年实行知道分数之后再填志愿的政策，幸好有这样的政策。高考没发挥好，这是不是一种缺憾？但是当你再回过头去想的时候，会很感恩这些缺憾，因为这些缺憾定制了你人生的美丽。为什么这么说？我们当时保研，前面六位是可以保本专业的，第七位是保本校外专业的，就是要去学一个完全不同的专业，第八才是保外校本专业。我就恰好排名第七，是不是又稍微有点缺憾？我保到外专业之后去学什么？是不是有一种未知的恐惧？所以我就去找了当时学院的院长，表达了一个观点，就是我想继续学我的专业，因为如果专业发生变化的话，会让我充满恐惧。之后他告诉我一个好消息，学院从国外引进了一个老师，那个老师有一个专项的保研名额，于是排名第七的我幸运地留在了材料学院攻读研究生。在这个过程中，又有一个缺憾改变了我的人生。什么缺憾呢？研究生一年级的时候，从国外引进的那位老师回了加拿大，因为我们院长跟加拿大老师是一个团队的，所以我就成了院长的学生。在硕士期间，我们进行了一个课题，那个课题同样充满了缺憾。因为那是一个非常前沿的工科学科，实验设备紧缺，我们需要到外面做实验。两年下来，我那两位师兄都被折腾得不行了，看不到进展之后就要换方向，因为他们博士阶段有毕业要求。都过了两年，一点眉目都没有，肯定很慌。我也很慌，因为我也要毕业。但硕士毕业要求没有像博士那么高，所以我没有他们慌。一直到研究生三年级，我才发表了人生中第一篇论文。

所以，缺憾又一次改变了我的人生。如果我当时排名靠前，选择了别的导师或是做了别的课题，那就完全不是现在的我了。每一件事都足够改变我的人生。有的时候觉得自己很难，质疑不好的事情怎么突然发生在自己身上的时候，说不定这就是你人生一个很美好的阶段。只有你回过头去看它的时候，你才能知道它对于你的意义，所以缺憾才是人生的私人定制。当然，这句话背后还有半句话，就是当你面对缺憾的时候，千万不要灰心丧气，因为它可能是一次转机，只是你当时感觉不到。

之后我到加利福尼亚大学伯克利分校（UC Berkeley）读了博士，毕业后拿到了密歇根大学安娜堡分校（UMich Ann Arbor）的录取通知书。UMich坐落于一座非常漂亮的小城市，我在那得到了人生的第一份工作，在材料系做助教。当我从美国排名第一的公立学校毕业，拿到美国排名第二的公立学校的工作时，我对新生活充满了期待。看到第一场雪的时候，我不知道有多高兴，如果那个时候有朋友圈，我肯定天天刷屏，拍各种照片发在上面。但令我意想不到的是，密歇根州一年当中有五个月都在下雪。有一件事对我触动很大，某天我跟系里一个女博士后在一起吃饭，吃完饭出来发现我的车"不见了"，因为下了一场很大的雪，我的车被埋在了雪地里。于是我在那坐了6个小时，因为要等市政的人来清雪。之后我还要在太阳出来之前把车挖出来，否则太阳一照，雪就会化成水结成冰。所以当我拼命挖车，等着路上撒盐直到雪被清除，我再次开车时的心情难以言喻。我觉得我这份工作充满了缺憾，它完全改变了我的生活。我心里充满了失落，觉得不能再这样下去了。我有半年时间需要挖车，见不到阳光、沙滩、仙人掌，这并不是我想要的生活。因为这个原因，我毅然地离开了安娜堡，来到了浙江大学。这是一个非常艰难的抉择，也有很多老师和同学质疑我这个选择，但是这样的一个选择，让我现在的生活非常完整。我有父母在身边，有丈夫和孩子，也有自己的实验室，我的学生也发展得非常好。所以安娜堡的雪，当时是我职业生涯中最大的一个缺憾，但成就了我后面的美丽人生，因为它改变了我的方向。

我将所有这些东西放在一起，就是想说明，缺憾才是你美丽人生的私人定制。有时候我会想，影响人生最大的因素就是某些不如人意的事，以及对它所做出的反应和选择，这些事情对人生改变是很大的。但是在这种时刻，只要不放弃，对自己充满信心，理性地思考和判断，你的人生就会因此变得更加美丽，你会拥有你自己私人定制的美丽人生。

三、成就美丽人生

那么在感受缺憾的时刻，我们应该以什么样的状态去迎接它？因为并不是经历过这些缺憾，就一定会有一个美丽人生，你怎么面对它的态度很重要。我们需要有一个很好的心态，很强大的自我调节能力，这个是我们在不断学习和体会的过程中可以建立起来的。那如何培养自己在面对缺憾时候，能做出最好反应的那种能力？

第一，要多去远方看看。在我儿子一岁时，我们就带他从北京跑到了海南岛，每次放暑假或者寒假，他就像吉普赛人一样在各地的大篷车里转，因为他妈妈的人生就是这样。比如去年暑假，理论上四岁的小孩不能去高原，但我们觉得他身体素质不错，所以把他带到青藏高原转了一圈。因为我本人就是一个很喜欢去远方看看的人，每次到了假期我就会去一个地方，去看一个完全不一样的世界。在我很小的时候，我的表姐跟我说，她去了珠峰大本营，还说只要上到海拔 4000 的高原，你就会看到绝对没有看到过的花。其实她没有给我看任何图像和影像，她就是用语言给我描述，但这句话对我影响很深。我现在依然对 4000 米以上的风光特别向往，所以我会经常去走走看看，不仅是在国内。新冠疫情之前，我经常到不同人文的、民族的、文化的、地域的、风貌的地方去看看，我觉得这是一件很有意思的事情。

在这个过程中，你不仅会看到这个世界的丰富多彩，还能看到很多美丽的心灵。比如我几年前从林芝到拉萨的自驾途中路过一个坡，旁边有一个露天的卫生间，门口有个供旅客扔硬币的盆，于是我扔了一个硬币进去。等我从洗手间出来的时候，有个小女孩拦住了我。她不会汉语，我以为她拦住我是因为我没有给钱，所以我就跟她解释盆里那一块钱是我放的，但她还是拦着我让我不要走。很快我就看见一个有高原红、脸颊红彤彤的女孩提了大大的一桶水，满脸笑容地朝我跑了过来，让我用桶里的水洗手。当时我眼泪都要掉下来了，觉得实在是太美好了，我现在回想起来还会很激动。因为在那个瞬间，我感受到了这个世界的美好，特别甜蜜。所以我们要多去远方，看看天有多高，看阿拉斯加的一个冰川，看太阳落山的时候企鹅会回家……我们一定要努力去体验各种好的坏的。所以人生的缺憾其实不是什么，它就是我私人定制的体验。

第二，要多和人沟通，通过不断的交流认识人。每个人都会有他的优点和缺点，学会与人沟通和相处，才能给自己找到一个很舒服的位置。因为你不可能永远和志同道合的人待在一起，你永远会遇到你不喜欢的人，也会遇到不喜欢你的人。学会去交流，才能知人间冷暖，才能找到自己的位置，以及能够舒适生存的一种方式。

缺憾才是人生最美的一种东西，缺憾让我们的人生变得更美！

■··

余倩： 浙江大学材料科学与工程学院教授、浙江大学竺可桢学院副院长，第十七届"中国青年女科学家奖"获得者。

一名女将型学者的幸福感与获得感

赵瑜佩

我们从小到大了解了很多历史人物，女将型的人物不少，她们身上有很多相似的特质，可以总结为这样几点：第一，顶天立地。一个人顶天立地，总能做出一番让自己满意的事业。第二，不卑不亢。无论顶了半边天，还是只做了力所能及的事情，不卑不亢可以让我们在世界任何地方实现自我价值。第三，勇敢坚韧。无论选择哪个行业都会遇到种种困难，但是勇敢和坚韧，会让我们干一行爱一行。

一、静待花开

"静待花开"是我从学生阶段就一直用来自勉的四个字。

我是一名学者，早在 2007 年，我就给自己定下了未来要做一个学者的目标。因为我性格开朗，比较外向，我就想世界上有什么样的职业可以让我不受拘束的生活呢？我发现当老师可以。

从 2007 年到现在，我没有改变过这个想法，我想认认真真地做一名学者。我在 2007 年遇到了人生第一个启蒙老师，他听说我有想从外语专业转到传媒专业的想法后，就给我开了"小灶"，利用课余时间为我辅导，告诉我应该关注什么积累什么。这样的启蒙对我来说是非常重要的。我一直觉得时间很宝贵，所以我在本科跨到研究生后如期入学，没有因为跨专业而停留或延误时间。研究生阶段，我同步要做很多事情，一边补本科落下的传媒专业知识，一边准备升学材料。因为英国的研究生只有一年多时间，所以我除了要不断地完成每一个课业，还要把所有课业拧成一股"理论视角"的绳，为博士的"研究聚焦"申请做准备。我当时在那一年里完成了三件很重要的事情：一是补充了自己落下的本科传媒知识，二是完成了研究生的课程作业，三是拿到了自己想要的录取通知书。

我读研究生的那年非常忙碌和充实。我本身不是一个学霸型的人，但是那一年我被身边的同学定性为学霸。因为，大部分同学在英国旅游的时候，我在图书馆；大家在玩的时候，我在图书馆；大家在唱歌的时候，我也在图书馆。我只是比较珍惜时间，但不觉得自己真的是学霸。在我拿到博士录取通知书的那一刻起，我就撒欢了，所以我觉得自己是一个能学也能玩的人，"play hard work hard"一直是我的内在准则。

有人问我：大一、大二的学生，应该如何开始学术训练？应该如何接触到相关课题？如何写好一篇论文？其实很简单，首先要迈出第一步，去找老师交流，告诉他你的想法，加入他的课题组。你可以说，即使我只是旁听，也想看看学者每天在忙些什么。通过这样的接触，你很快就会知道自己对什么感兴趣，对什么不感兴趣。也许你无法百分之百地确定自己喜欢什么，但可以通过排除法找答案，逐渐排除不喜欢的事物，慢慢找到自己真正喜欢的东西，不用急于确定自己是否已经有明确的职业规划，不用急于在现阶段给自己一个完美的答卷。总之，"静待花开"需要心静与态度。

二、方法比努力更重要

我曾经和学生分享自己的学习经历：在博一的时候，我感到忐忑不安，因为我的导师是一个非常传统的英国人，他有浓重的英式口音和强烈的英式观念。博一期间，我一直在揣测导师在想些什么，每次开完会后，我都会问他同样的一句话："I am on the right track？"这句话几乎贯穿了我的整个博一阶段。到了博二，我有了质的转变。当我通过了一个重要的资格考试，正式成为一名博士生时，我的导师对我说："Now it's your turn to lead us."那一年，我还做了一个勇敢的决定。我们学校一直从校外招聘博士生来给研究生和本科生上讨论课。有一次，我作为博士生代表与学院院长进行对话。我问："院长，我一直不太明白为什么要花钱请外校的博士生来给我们的学生上课，难道我们自己的学生不够 qualified 吗？"他当时的表情非常惊讶并问我："What's your name？"我回答："我叫赵瑜佩。"他说："你的导师是谁？"我说："Vincent（文森特）。"院长竟然说："Put her name on the list."就这样，作为华人，我成为学校第一个敢于挑战在英国传统教育体系中担任导师的人。这样的经历对我来说非常重要，因为我站在讲台上时，会面对着许多来自外国人的质疑。然而，通过一次又一次的挑战，我逐渐形成了自己的学术修养和自信。这源于我相信无论在世界哪个地方，我都能够保持自尊和自信，不会因为身处他国而觉得自己受到限制。在英国，我和朋友有一段创业的经历。我们通过多次合作，发现大家都喜欢做家乡菜，于是萌生了创业的想法。我们举办了亚洲美食节、亚洲音乐会，制作了两档电视节目，我将它们称为"行走类节目"。团队合作中，不同文化相互学习与交流，有人天马行空，有人善于落地，在包容与激情中，我们最终成功了，有超过想象的收获。正是一次又一次这样的经历，让我意识到自己学的东西一定要回国运用，把论文写在祖国大地上。我觉得我最骄傲的就是回国时不仅有学位证书，还有很多最前沿的经验。

所以，我觉得"方法比努力更重要"是在很恰当的时间去表现自己，争取应有的机会，不是只努力学习就能锻炼出学术灵魂。

三、数字文化和电子竞技研究

我的研究主要分为两个部分，一个是数字文化，一个是国际传播。

什么是数字文化？大家都使用手机刷抖音，这就是数字文化的一部分。数字文化可以理解为将光、磁、电等转化为数字信号，并将我们熟知的图片、文字、视频等转化为数字编码。它涉及传输、使用、传播和分发等方面，与计算机网络的发展密切相关。文森特·米勒写过专著《数字文化》（*Digital Culture*），其中数字文化的内涵非常广泛，即数字技术在日常生活中的广泛应用，它让你觉得数字文化无处不在。这样的定义对于我研究电竞有非常大的启发性。

我的电竞研究在很多人看来是非常小众的，他们无法理解为什么电竞会值得被研究。在我与其他学者的对话中，我发现他们更偏向传统的研究领域。我一直铭记着阿基米德曾经说过一句话："给我一个支点，我将撬动整个地球。"所以，我一直坚信，越是小众的领域，越值得我们去研究，越需要有人走入未被探索的领域。我一直在深入挖掘那些不太受人关注的领域，例如数字音乐、直播电竞等。我希望通过这些小小的支点，对数字文化产业进行全面的观察和研究。

我越来越发现自己的研究在这个领域承担了很多社会责任，因为很多人并不了解这个新兴领域中年轻人的语言和文化。很多论文论述了电竞和游戏之间的区别，有一些有趣且有代表性的观点。首先，有学者说，如果你在花钱，就是在玩游戏；如果你在赚钱，那你就是在打电竞。这表明电竞和游戏在经济层面上存在差异。其次，有研究从技术组织、职业化和制度化等方面来阐述它们之间的区别。简单来说，电竞是以赛事为核心的上中下游产业链，而电子游戏是以游戏版号为核心的产业链。尽管它们之间有联系，但差异越来越大，虽同根同源，但电竞逐渐发展出了自己的产业化脉络。再次，有人质疑电竞是否属于体育。1999 年，在英国伦敦体育学院首次有人提出竞技性的电子游戏可以被视为体育运动，但同年遭到否定。后来，中国于 2003 年正式批准电子竞技为国家第 99 个体育运动项目，后来修正为第 78 个。后来，美国政府开始认可电子竞技选手成为职业运动员，并为其提供奖学金和其他福利支持，类似于传统体育运动员所享有的待遇。这些政策和支持使电竞运动得到了进一步发展。

杭州亚运会首次引入电竞项目。经过多方的多年努力，电竞能够进入亚洲运动会实属不易，其中最大的矛盾点在于电竞产业中存在着强烈的厂商利益冲突。比如，赛事要选择哪家公司？这也是电竞至今尚未进入奥运会的原因之一。对于电竞产业界的人来说，他们可能认为只有进入了奥运会，才能够自信地说，这是一项体育运动项目。但是有许多学者站出来说，为什么一定要按照传统的体育模式来发展电竞？电竞本身就是一种新兴事物，为什么非要进入奥运会呢？不进入奥运会难道它就不是体育运动项目了吗？因此，我们会看到人们对这个产业的不同观点。

我经常查看我研究论文的引用率，了解我的读者来自哪些国家，思考我应该与哪些人进行对话。所以，我无法想象为什么剑桥大学对我的电竞研究感兴趣，并且两次邀请我在剑桥大学做演讲。邀请我的研究机构来自剑桥大学的制造研究所（Institute for Manufacture）。我很好奇，为什么一个制造业研究院会对我的电竞研究感兴趣？他们告诉我，因为他们将制造定义为任何对一个行业产生持续变化和影响的活动。所以，从制造业视角来看，在电竞研究领域，我们可能会有很多合作和对话的机会。

因此，我相信我的研究对整个电竞行业是有一定的帮助。如果你的研究只停留在理论上，而没有实际应用，你可能会感到沮丧。产业界会质疑你在办公室里写的论文对产业有什么作用？面对这样的质疑，你可能会害怕与产业界对话。因此，我也努力将我的研究与产业界进行密切联系，有时我会质疑他们，有时我会帮助他们。

我的学术生涯已经有十几年了。在这十几年中，我经常回顾自己的研究成果，思考自己到底取得了怎样的成就。作为一名海归，回到祖国面临的最大挑战之一就是证明自己的影响力。首先，你需要快速适应国内的环境，将你在海外受到的训练和逻辑知识体系应用到祖国大地上，为祖国服务，并思考如何在国内继续发挥你的影响力。其次，回到国内后，你可能会失去与国外许多同行的联系，在这种情况下，如何持续发挥你的国际影响力。对我来说，挑战是巨大的。我们这一代学者可能是帮助下一代学者进行这种尝试和转型的人，所以在我们身上，会有许多矛盾和困惑。但是，我依然积极乐观地面对，因为这也是我的机遇。

我自认为自己是一个追求完美又接纳不完美的人，这种心态带给了我很多幸福感和满足感，这也是我多年来持续从事学术研究且觉得自己做得相当优雅的重要动力。我经常说一句话，"当我到了白发苍苍的年龄时，我真的希望自己能拥有一头白发，因为那象征着我多年来的积淀"。我也希望自己在每个年龄段都能展现出女性的不同状态，这将是我很多年后回首时，对自己生命的展示感到满意的一部分。

赵瑜佩：浙江大学传媒与国际文化学院副院长，英国莱斯特大学媒体与传播学专业博士，连续两年获国际传播学会（ICA）流行传播"最佳论文大奖"。

下姜，梦开始的地方

姜丽娟

一、关于二十大的"党代表通道"采访

2022 年去北京参加党的二十大，是我人生中第三次步入人民大会堂。第一次是在 2021 年 2 月 25 日，当时下姜村被评为"全国脱贫攻坚先进集体"；第二次是在建党 100 周年，下姜村被评为"全国先进基层党组织"；2022 年则是以一名党代表的身份去参加二十大。身份不同，感受也不一样。作为二十大的一名党代表，尽好职、履好责、参好会，是我的职责；把村里老百姓想说的话带到北京，是我的使命。

我印象最深的是走二十大通道接受采访的事。这个通道采访虽然只有四多分钟，但非常锻炼人，让我有很大的成长和进步。当时在所有代表中，我在北京待的时间最久，10 月 8 日飞往北京，10 月 9 日进行代表通道的培训。整个培训过程其实很简单，就是在我们驻地铺设一条同样的通道，让我们提早适应这个过程，力争在现场把最好的状态展现出来，把最想表达的内容呈现出来。

我最先接到的通知是接受闭幕采访，但最后呈现给大家的是开幕采访。其实不管是开幕采访还是闭幕采访，对我来说都很幸运了。因为我想紧紧抓

住这次机会，把下姜村人民这么多年以来的感恩之心、思念之情、发展变化向总书记做一个汇报。两次走通道彩排以后，领导决定把我从闭幕采访调整到开幕采访，四分多钟的稿子我们前前后后改了二十多次，那时候每天的睡眠时间只有三个小时左右。虽然我们有太多内容想表达，但因为时间有限，只能把我们想对总书记说的话，以及下姜村这么多年的发展变化做精练的讲述。

很多人都看过我走通道的那个视频，其实那天我走完通道下台后特别难过。为什么？因为我觉得没有表现好，有个地方卡壳了。之前我在彩排过程中从来没有出过错，但现场时恰恰有个地方卡壳了。我当时觉得"完了"，我让村里的老百姓、党员干部们失望了。但后来中宣部的领导跟我说了一段话，让我特别感动。他说："姜丽娟，你今天的表现非常棒。作为一名基层书记，你今天所有的表现都是这个舞台应有的呈现。你今天卡壳也好，有不完美的表现也好，正是因为你在意电视机前观看直播的老百姓，以及所有关心关注乡村发展的人。因为你在乎，所以你会紧张。如果你今天是一名新闻发言人，也许表现得不是最好；但作为基层书记，这样的表现足够优秀。"

下了通道以后，我收到很多短信，可以说是收到短信最多的一天。很多是素未谋面的陌生人给我发来的信息，给了我很多鼓励和力量。当初走上采访通道的时候，我是想把下姜村，把"大下姜"，把淳安、杭州和浙江对外做一个很好的展示，没想到还可以给全国各地的那么多人带去光和热。其中一条是兰州一个交通队的小姑娘发给我的。她说："您好，姜代表。我一直在基层工作，看了您的采访以后，感觉总书记也离我好近，我好感动。"还有一位企业家发给我的。他说："您好，姜代表。我是从事环保事业的企业家，今天听了您的采访回答以后，更加坚定了要将环保事业继续做大、做强、做精。中国共产党万岁！"看完这些信息后，我特别感动，自身的工作能带给大家这么大的力量，有点出乎我的意料。

这次通道采访结束后，有一组数据令我特别震惊，就是这条视频的转载与点赞量突破了2.3亿次。取得这样的成绩绝不是因为我有多优秀，而是因为有很多人在关注现在的农村到底发生了怎样的变化，关注基层的年轻人都在做些什么。正因如此，作为基层的青年干部，我们的压力和责任是非常大的，更要撸起袖子努力干。

二、关于中国式现代化

整个参会过程中，让我最激动的，就是在现场聆听总书记的报告。在通道采访的时候，我说："下姜村很多老百姓有一个习惯，他们每天都会看新闻联播，就是为了听听总书记的声音，看看总书记今天在做什么、在忙什么，就像对待家人一样的关心和关注。"我也是从小听着总书记在下姜村的故事长大的，所以这次能在现场聆听他作报告，我特别激动。从总书记上台到整个报告结束，每次的掌声都代表了我们对总书记的拥护以及对于报告内容的赞同。

这次报告当中有很多的内容都让我感到特别激动与兴奋，也为下姜村的未来发展指明方向、坚定信心。我记得很清楚的一个词——"中国式现代化"。当时听到这个词的时候，我首先就想到了我们浙江第十五次党代会提出的"两个先行"：省域现代化先行和共同富裕先行，浙江省和中央的报告不谋而合。报告里提到"中国式现代化"有五个特征：人口规模巨大的现代化、全体人民共同富裕的现代化、物质文明和精神文明相协调的现代化、人与自然和谐共生的现代化、走和平发展道路的现代化。听到现代化的这些特征以后，我立马联想到了下姜村这么多年的发展与变化，它其实就是紧紧围绕着这几个现代化的。

首先我们来看人与自然的和谐共生。下姜村以前也很有名，但是是因为穷而闻名，不然就不会有"有女莫嫁下姜郎"这句民谣。下姜村以前穷，穷有两个方面的原因。一是资源匮乏。去过下姜村的人都知道，下姜村是两山夹一水的村庄，现在看上去特别漂亮，但以前因为两山夹一水，土地面积特别少，老百姓人均三分地（200平方米）不到，吃不饱饭填不饱肚子。当年的他们只能靠山吃山，靠上山烧木炭赚钱，最多的时候下姜村有40多座木炭窑，一天同时开烧上千斤木炭，木头一下子就砍光了，所以没几年时间下姜村的山头就光秃秃了，像瘌痢头。二是交通闭塞，我小时候去一趟千岛湖镇，要过200多个山湾，还要过轮渡，去一趟3个小时，回来一趟3个小时，一天6个小时没了。交通闭塞导致我们思想观念落后，发展格局不开放，这些原因导致我们特别穷。

下姜村老百姓这么多年来与总书记感情深厚，就是因为总书记确确实实是下姜村脱贫致富的引路人。下姜村这些年来发生翻天覆地的变化，一要感谢总书记，二是感谢一任接着一任干的领导们给下姜村指明了科学的发展方向。下姜村老百姓要做的就是落地和践行，这也是我们这么多年一直在干的。总书记第一次到村里，就告诉我们要给青山"留个帽"。从那时起，我们开始封山育林，开始推动"千万工程"项目，以及五水共治、美丽宜居示范村的建设，村庄的面貌发生了巨大变化。后来，我们有了科技特派员。于是，我们开始做效益农业，开始集体流转土地。"要致富，先修路"，2014年10月，我们的最美公路淳杨线正式通车，给我们鼓足了发展的底气，我们开始做起了乡村旅游产业。对于一个资源匮乏的村庄，我们要让生态成为下姜村发展过程中最大的资本。我经常说，如果2014年这条路没有通，2016年时我就不会选择返乡创业。就是因为这条路通了，以及看到家乡这么多年的发展变化，我才有底气、有勇气选择返乡创业。可以说，人与自然的和谐共生，在下姜村得到了最好的体现。现在你问下姜村的老百姓要不要保护好生态环境，他肯定会回答"一定的"。为什么？因为他们尝到了生态带来的甜头。未来我们肯定要继续走生态优先、绿色发展的道路，不仅要走得越来越宽，而且还要高质量地走。最近我们在做国家储备林项目的试点以及碳汇交易的试点，就是为了在绿水青山转化成为金山银山的过程中，探索高质量的发展，让我们老百姓的口袋变得越来越鼓。

再看实现全体人民的共同富裕。我们说一村富不是真的富，村村富才是真的富，我们跳出下姜发展下姜，主动与周边 24 个村抱团组建乡村振兴联合体，从"小下姜"到"大下姜"。小时候老师教过我们"一双筷子一折就断了，一把筷子怎么都折不断，因为所有的力量凝聚在一起，发展潜力会更大"。下姜村只有 10.76 平方千米，资源是有限的，发展到一定时期就会遇到瓶颈，所以我们要跳出下姜村，把周边的资源整合起来。最早的时候我们叫"1+4"，即下姜村及周边地区乡村振兴发展规划，到 2019 年才叫作"大下姜"。我们有"四个共"：平台共建、资源共享、产业共兴、品牌共塑。现在我们又增加了"三个共"：组织共建、生态共保、区域共富。组建"大下姜"以后，一是带动了老百姓增收，大下姜成立以来，我们大下姜老百姓的人均可支配收入每年都以大于 10% 的增速增长，这就是实打实的老百姓富起来了；二是资源更加丰富了，原先来下姜村的游客可能只会停留半天或一天，现在有了大下姜以后，我们可以串点成线，以点到面制定四天三晚、三天两晚的行程，游客可以玩在大下姜、住在大下姜。所以，抱团发展、齐心发力是我们未来发展要做的一件事情。

结合下姜村这么多年的发展，我觉得中国式现代化的目的是实现全体人民的共同富裕，以及人民对于美好生活的一种向往。现在下姜村在做什么？在做未来社区、未来乡村、数字化乡村建设。做这些为的是什么？就是要让所有大下姜的老百姓搭上数字化的快车，要将共同富裕变得真实可感，让所有老百姓的参与感、获得感和幸福感得到体现。

三、关于全面推进乡村振兴

这次报告中还有一个词令我特别兴奋，那就是"全面推进乡村振兴"。我相信乡村的基层干部，每次看到这个词都会坚定信念，像打了一针强心剂。我们都知道乡村振兴包括五大振兴：产业、人才、文化、组织、生态。产业振兴最重要，因为这跟我们的口袋息息相关。而在产业振兴中，人又是最关键的因素，这也是我在思考下姜村未来发展过程中认为最重要的一个元素。当前，农村面临的一个普遍性现象——人的问题。我总结下姜村的发展史，它就是听党话、感党恩、跟党走的发展史。下姜村就是在党的统领下，以党建引领促发展，才有了现在翻天覆地的变化。我们基层党员干部要做四种人——发展的带头人、新风的示范人、和谐的引领人、群众的贴心人。反观下姜村这么多年的发展变化，我们会发现一个现象，从最初建沼气池、土地流转、开农家乐、开民宿、入股联营到现在的"大下姜"，所有事情都是党员干部带头做。有一句话说得好，"一个地方发展得怎么样，看火车头怎么带就知道了。火车头带得快，发展速度肯定会提质增效"。所以我们一定要将下姜村"四种人"的党建品牌擦得越来越亮，将下姜村的党员队伍建得越来越强，这样才能带着这个村庄更好更快地发展。

现在的下姜，我们还要共享平台给更多的人，让他们参与到乡村振兴共同富裕的队伍当中。首先，我们要把平台共享给已经返乡创业和招商引资来的人，为他们提供更大的舞台和更多的资源服务，让他们在平台上发挥更大作用，吸引更多的人来下姜。其次，我们要把平台共享给更多的第三方市场运营主体。现在我们都在说乡村运营，其实就是要盘活乡村的闲置资源，将专业的事情交给专业的人来做，我们在下姜探索了"国有企业＋市场主体＋村集体""村集体＋市场主体＋村民"合作运营的模式，打造了共富集市、共富后巷、文旅会客厅、千岛湖大峡谷。不仅如此，我们还探索村村共建乡村运营体，实现统一规划、统一资源、统一建设、统一品牌、统一分红，以人才引进推动乡村资源整合和市场转化，实现乡村治理与发展齐头并进的新格局。此外，我们要把这个平台提供给广大大学生们。我们在下姜村设置了岗位书记助理，与各大高校合作，请高校选派学生到下姜村进行社会实践。我们会根据学生的专业，布置乡村发展中的命题，请他们对于乡村发展中遇到的难点进行破题。我们要在这些大学生中埋下种子，即使他们最后没有留下来，但如果他们在未来的发展中发现所从事的工作可以跟下姜相融合的时候，他们会选择回到下姜，让这颗曾经埋下的种子发芽成长。这也是需要我们一任接着一任干的，埋下的种子越多，未来的可能性也就会越大。

"五大振兴"当中，不可忽视的还有文化振兴。乡村振兴模式是可以复制推广的，但形式一定是因地制宜的，也就是对在地文化的挖掘，因为这才是可持续发展的。下姜村建村近900年，有很多丰富的在地文化值得挖掘，如何将在地文化跟文创相融合、跟产业发展相融合、跟村民相融合，是我们要重点考虑的问题。下姜村作为总书记在浙江工作期间的基层工作联系点，以及浙江省多任省委书记的联系点，折射出全省农村发展整体状况的"一滴水"，寓意着滴水穿石、久久为功的精神。所以我们要讲好下姜的发展故事，把它传承好赓续好。

农村就是一台戏，所有的老百姓都是台上的演员。但这些演员的角色定位就叫作"人人有活干，人人有所参与，人人才会有所获得"。我们排了一场"梦开始的地方"水上实景演绎，所有的演员都是村里的老百姓。他们白天可能是小摊摊主、民宿业主，到了晚上就是台上的演员。当所有的在地文化都源自我们身边的故事时，老百姓、游客的认同感和参与感才会更强，后期的产业推动也会更顺利。

四、关于青年是国家的未来

记得党的十九大召开时，我坐在自家民宿的客厅里，在电视上看总书记作党的十九大报告。当总书记说到青年的时候，我激动地拍着大腿站了起来。当时我想：做出返乡创业的选择太正确了。总书记在党的二十大报告结尾的时候，又对青年发出了号召，并指出现在的农村也有广阔的土壤和天地。作为一名已经扎根在农村的青年，我特别激动。时代赋予我们极大的机遇，我们要脚踏实地，用感恩的心来回馈它，这是我们的责任和使命。

我每年接待很多大学生。他们问我："姜书记，对于大学生创业或者去农村创业，您有怎样的寄语？"我说："农村需要你们，城市也需要你们。但如果你们要从事的岗位可以跟农村相结合，你们不妨去农村看一看。因为你们在这个过程中可以大有所为，大展拳脚，实现人生价值。以我个人返乡创业的经历来说，这几年是我人生中成长最快的几年，是我人生格局被打开的几年，也是我人生价值得以体现的几年。所以，可以先尝试在农村创业，失败了没有关系，城市的大门一直都敞开着，大不了重新开始。"总书记常说："现在我们的青春是用来奋斗的，将来我们的青春是用来回忆的。"失败乃成功之母，有什么可怕？我们还年轻，我们要有一股敢于奋斗、敢于拼搏的精神。

　　在接触那么多大学生以后，我也有几点感受。我小时候家里比较穷，所以我对待所有事都特别努力；现在很多大学生成长环境比较好，相对而言比较"佛系"，但其实他们的社会责任感很强，只是不知道自己能做什么，可以做什么。一旦他们发现自己可以做什么的时候，做得比谁都认真。

　　2023 年浙江省第十五次党代会期间，我提案的主题是：希望各所高校在面临大学生就业时，为他们提供针对农村的就业指导。为什么我会提这个问题？因为很多学生不知道他们回农村能做什么，可以做什么。如果提前给大学生做培训，他们起码可以了解自己是否适合去农村，再做出选择，多给自己一个双向选择的机会。现在的农村有很多机遇，以我个人的成长经历来说，农村更需要大学生们的加入，在那里他们的人生价值可以得到更大的体现。

　　建党 100 周年时，我曾坐在天安门广场前，听总书记说"江山就是人民，人民就是江山"。我听了特别激动，回来以后找到村里画画的小姑娘，请她在石头上书写"江山就是人民"。我把这块石头放在办公桌上，天天看着它并提醒自己，如何做好一名基层书记。在党的二十大报告中又听到了这句话，我深刻地理解到：作为一名党员、一名党代表，我们要为党守好民心；作为一名基层书记，我们要以百姓之心为心，老百姓需要什么我们就做什么。脚踏实地地为老百姓办实事，是我们要做的事情；为党守好民心，是我们要达到的目的。

　　党的二十大结束后，作为一名党代表，我的职责是要做好党的二十大精神的宣讲，传递给更多的党员、村民、游客和学员，要让党的二十大精神在下姜村落地生根、开花结果。对于我个人而言，要深入地学习好、贯彻好、落实好第二十次党代会精神，撸起袖子加油干。在下姜村这么多年，通过大家共同的努力，我们村发生了翻天覆地的变化。我相信，未来下姜村可以变

成一个人人富裕、人人幸福、人人向往的农村。我们要努力把下姜村打造成
为浙江乃至全国的乡村振兴示范村。

——

姜丽娟：党的二十大代表，浙江省淳安县枫树岭镇下姜村党总支书记、
村委会主任。

第辑

一种存在

帕斯卡尔说人只不过是一根苇草，是自然界最脆弱的东西，但却是一根能思想的苇草，一口气、一滴水就足以致他死命，然而人却仍然要比致他于死命的东西高贵得多。因为他知道自己要死亡，以及宇宙对他所具有的优势，但宇宙对此却是一无所知。因而，我们全部的尊严就在于思想。

　　对于各种客观存在的事物、现象，每个人都可以时刻不停地进行思考，思考没有门槛。我们拷问社会权力体系在性别上的倾斜，审视性别叙事在一切矛盾上的套用，困惑性别差异能够在各色成见中充当天然的肇基……就算这些问题都无法求解，对性别问题的思考与观点本身就已经是一种开辟。所以我们从不应当害怕思考和争论带来对立或者撕裂，混沌的温驯没有意义，允许每一个微小的人思考，就算他带来分歧，也依然是文明的尊严体现。

　　本章汇集了各位师生校友关于女性话题的想法和思考，有大的抽象的议题形如自我、人生；也有小的具体的抒发形如学业、年龄。她们的观点不一定如社会学家或平权领袖那样深刻，无法带来红炉点雪般的启示，但提供了视角也丰盈了感官，每一份细腻的思考都可散作人间照夜灯。

慢一点，快一点：不一样的医学人生

刘畅

我是刘畅，2022 年之前，我只是医学生中普通得不能再普通的一位。2022 年的一档职场综艺——《令人心动的 Offer》让人们在荧幕上看到了我，但其实生活中的我从浙江大学临床医学专业毕业后又在浙江大学基础医学院博士后流动站工作了 3 年。2024 年，我正式入职医院，成为一名临床医生。

因为一档节目，我开启了人生的副本，也成为一个被时代洪流推着往前走的幸运儿——我这么总结自己。然而，荧幕前的故事多是光鲜的，这次我想把背后的花絮讲给你们听。

一、梦想是可以长出来的

不是所有的梦想都是笃定且闪亮地登场。我总是很羡慕那些一开始就有坚定梦想的人。而"梦想"这个词，在我上大学前对我来说是模糊的。在备考大学之前，我依然没想好未来的路：去哪里上大学，读什么专业，做什么工作，成为什么样的人。成年前，我固执地认为，筹码敲定前对选择的权衡都是无依据的猜想。因为对梦想的具体模样一无所知，懒得设想，上大学后，毫无意外地，迷茫之痛向我袭来。

2012 年，我按部就班地参加了保送生考试，笔试结束后像抽盲盒般勾选了志愿。2013年，我收到了浙江大学临床医学试验班的录取通知书。在此之前，我畅想过所有职业，除了医生。这是梦想在我这里刚开始的样子——"非自愿"随机出场。

如果当时的选择是抽盲盒来的，不如先试着认真走下去。初踏上这条"船"，我是迷惘痛苦的。不擅长记忆却要背如山的课本，跑去做实验却被说我这双手跟实验"八字不合"。事事都是短板，日日得不到正向反馈。我也曾羡慕商科生，他们可以西装革履地穿梭在光鲜场合，可以接触到各个领域的新讯息，不断解锁更顶尖的学校和职场可能性。跟一眼望得到头的医学生涯相比，这种充满希望的不确定性，对"年轻气盛"的我是有致命吸引力的。我开始尝试转行的可能性，去过互联网公司、咨询公司、医药投资公司实习。但真实世界的实践让我发现，别的专业工作也没那么好，医学或许也没那么差。医学有自己的魅力——治病救人的踏实感和成就感、终身学习的挑战性以及核心竞争力的不可替代性。

所以，我接受了学医，每一步都走得很踏实。2017年本科毕业，2021年博士毕业，2024年顺利出站并入职心仪的医院和科室，误打误撞还做了自媒体。之前想要的充实、充满挑战和正向反馈的工作和生活，如今在一步步实现。正向反馈慢慢积累起来，也让我更加坚定了医学这条路我会尽心尽力走下去。

"医学给你带来的是什么呢？"这是我常被问到的问题。11年的学医之路，我真切地感受到，专业决定的不仅仅是未来的职业，更重要的是对性格、能力以及整个人的塑造，这些将成为我此生无比独特的财富和生存指南。18岁的我无所畏惧、马虎、自大、横冲直撞。但学医至今，我的个人风格发生了改变：谨慎、谦逊、靠得住。在医学院的第一堂课上，老师走到我旁边说："同学，请把头上的头花摘下来，成熟稳重的形象是医生在患者间树立可信度的基本要求之一。"医学是一个需要终身学习的学科。或许其他专业的老友同窗会抱怨高中是学习能力最鼎盛的时期，而后日渐衰落。但是学医后，学习能力是我不断快速增长的能力。学医对我的塑造，使得我在面临新的领域时不会有焦虑，强大的学习能力会让我从容应对未来的千变万化，并深信不疑所有的事情我都学得会、学得好。回头想想，无论身处何种专业、哪个行业，对自我核心软实力的需求都是互通的，比如快速学习力、逻辑能力、参透事物本质的能力、执行力、表达力，甚至审美能力。

历过千帆，经历过对自己专业的迷惘、矛盾，我终究成了一名医生。很感谢自己一直没有放弃，把手头应该做的事做好，把书读好，把研究做好，然后拿到医院的录用通知书。未来的路很长，我虽然依旧不知这条路将会通往哪里，是否会发生变化，但如今的我，每一步都迈得很踏实，很坚定。因为我相信，无论哪一条路我都能走好。

如果当时的选择是抽盲盒来的，那不如先试着认真走下去，或许命运抛给你的橄榄枝还不错呢。

星光大道是可以一步一步走出来的。当然，对于未来，我仍会有惶恐，惶恐自己不能胜任成为一名临床医生的挑战。也许十年后我真的不能坚持了，会离开医疗行业去其他岗位，但它并不影响我现在把手头的每件事做好，即使我现在所做的基础实验可能在未来的临床生涯中无用武之地，但我在科研训练中习得的品质却是无比珍贵的，比如养细胞让我戒掉了随心情、随意做事的陋习。即使以后我离开这个行业，这些品质印记也将成为我"成事"的源泉。当未来机会来临的时候，这些历练都将成为我的核心底牌，也许会比别人多一分机遇接住上帝给出的"好牌"。

颜宁老师曾说："我们生活在一个瞬息万变的时代，计划一直跟不上变化，而你要做的就是用你的直觉和前辈交流之后的结果去'草率地'选一条不错的路，然后认真地走下去，你会发现真的还不错。但是倒退几十年后你会想，如果当时我做了另外一个选择，我会不会依然走得好呢？如果你的这些软实力都在的话，相信你不会走得多么差。"

我经常收到学弟学妹的私信，问选了不喜欢的专业怎么办。我认为，趁年轻可以试错，但永远不要因为不喜欢而放弃原先的选择，因为人往往都会对得不到的东西充满幻想。我很庆幸自己大学期间勇于试错，打破信息茧房，从此一心一意；更庆幸自己试错前没那么武断地放弃。现实中哪有那么称心如意的选择，更何况时代发展瞬息万变。选择可以权衡，但切勿因为对现有选择不悦而陷入内耗和颓废，止步不前。

星光大道是可以一步一步走出来的。所有的机会和风口，都是留给做好准备的那些人。软实力，每时每刻，无论何种专业，无论何种工作，都可以修炼。往前走，剩下的就交给时间。很多人反复横跳，殊不知时间就在自己的徘徊中被蹉跎掉了。

慢一点，快一点。博士毕业后，我没有选择直接进入医生岗位，而是开启了三年的博士后研究生涯。"如果想要成为一名医生，这三年的科研将会延迟你日后行医的道途，真的值得吗？"因为医学博士毕业后选择博士后训练，是个稀奇行为，99%的人都不理解。我不怕走得慢，但希望每一步都不错过，走得稳点，不留遗憾。因为八年制的培养方案中，是没有预留科研时间的，而没有经历过完整的科研训练，对我来说是个遗憾。在学医的第一节课上，巴德年教授的教导——"你们未来要成为的不是医生，而是临床科学家。医生是要用两条腿走路的，一条是临床，一条是科研"这句话为我打上了烙印。我不愿行医伊始就瘸着一条腿走路，我也深知进入临床后，再无机会脱产全身心地去做科研。所以，这三年是为我未来成为一名有科学问题解决能力的医生做铺垫的。慢一点，未来的成长加速度就会稳一点。至少我是这么希望的，且期待十年、二十年后的延迟回报。

二、不被定义，不必完美

读大学，怎么读。迷惘受挫的时候，每次听到浙大校歌，我都会泪流满面。"此后，你将与历史上众多灿若星辰的名字一起分享'浙大人'这个光荣的称号""将来毕业后要做什么样的人？"这两句话时刻敲击着自己的内心，如一盏明灯，指引着我前行的方向。

18 岁前我是在"好学生"的评价体系中成长起来的。大学创新、包容、多元的环境改变了我曾经的认知——我的精彩，不只有学习、绩点。我应该成为的样子，不由任何人定义。

有人问过我："你在大学有什么后悔的事情吗？"真的没有。我"贪婪"地尽力地做成了想要做的事，完成了那个阶段我认为该有的体验。支教、社团、公益、出国比赛……这些经历，让我结识了很多闪闪发光的前辈和朋友，他们给了我很多能量。所以，虽然我在大学时的学习成绩可能并没有那么值得骄傲，但对于我而言，我的大学精不精彩、幸不幸福、后不后悔，我已有答案。外在的标签，其实没有那么重要。

大二选本科专业时，我选择了制药工程。制药工程的专业课跟医学好像有些相关，大多又毫不相干。中间也会羡慕选择生物科学专业的同学，但也尽情吸取了化工制药带来的新知——药物的注册审批制度、化合物和混合物如何在工厂中被加工成药物制剂……如果你现在问我，当时为什么选择这个专业，我会很正式地回答："我相信它会给予我对临床药物转化的具象认知。"但当时的选择，也仅仅是想了一会儿的结果。回过头来想想，哪有那么多未卜先知，如果珠子足够璀璨，无论未来串在哪条链子上都可以为其增彩。

虽然我的科研成绩没有那么好，甚至做实验的时候很吃力，但我愿意扎根在这里。我博士毕业时拿到了医院的录用通知书，但我决定先不去工作，而是选择做科研博士后，弥补科研的短板。虽然现在我做实验也没有很顺利，但我心里知道，这段时间里真的学到了很多。做实验的时候，我跟前辈们学到了许多好习惯，品质和性格也在不断修炼中，所有的路都没有白走。

2022 年，博士毕业后，我报名了一档综艺《令人心动的 Offer》作为给自己的博士毕业礼物，我想要用一份"新鲜不平稳"的经历，承上启下地开启我安稳、两点一线的博士后生涯。我成了"剧本"里的幸运儿，被大家熟知。

压力之下，方有突破。"压力常有，你是如何破解的呢"，最近我的研究就碰到了瓶颈——之后的路要往哪儿走？接下来的结果能否达到预期？苦恼和焦灼是科研的常态。压力大的瞬间，早上醒来却不愿睁眼，不想面对。我会允许自己蒙上被子，肆意挥霍时间，短暂摆烂，但不会崩溃和放弃。因为既往的正向反馈告诉我，最后还是会通过的，不管以什么方式，就是过程苦点，多撑一会儿就过去了。我是焦虑型人格，多年来习得了与焦虑共处的技能。健身教练常跟我说，如果今天练完肌肉不酸痛，觉得不累，训练效果就要存疑。所以我习惯了工作生活中有一点儿困难，因为压力意味着突破和提升。我始终坚信命运最终会把这颗糖豆给你，只是现在不给你而已。不要把所有的希望都放在一件事情上，东边不亮西边亮，培养一些主业外的爱好，是对压力的有效调剂。

在时代的洪流中，顺势扬帆。机缘巧合下，我成了一名业余博主，体验了一把这个时代最时髦的"工作"。我不太在意自己有没有做到最好，但我会追求在每一天的实践中有所进步。通过这些经历，我的表达力更强了，面对镜头时更自然了。我从一开始全身肌肉紧张，拍照时连表情都不会摆，到现在可以慢慢地面对镜头。我看到的是自己的进步，是人生更多的可能性。

一个被时代洪流推着往前走的幸运儿——毕业后的这两年，我把所有的勇气全数奉出。从传统意义上来说，我不是一个优秀的医学生、科研人。我贪恋每处风景、每次体验，或许没在走直线，尽管前路未卜，但我坚信每一段全力以赴的经历都会在未来显现光芒。大学的几年间，我正在一点点成为自己喜欢的模样，点亮自己喜欢的标签——坚韧、自由、为自己想做成的事全力以赴。

我不是个胆子野心很大的人，但有挑战有困难的任务来了，只要有一刻的"我想"，只要前辈里有一个人说 yes，我就冲！想过风险吗？想过。但吃饭喝水坐高铁都有风险，何必那么唯唯诺诺呢……大好机遇，一生又能来几次，冲了就有机会改变现状。改变现状没那么容易，都是在每一次"没有把握""痛不欲生"后的涅槃。轻松舒适的任务，只会让我熟练，不会让我变强，所以我很珍惜每次"没有把握做好"的机会。

有时候想想，来世上一遭，总要留下些痕迹；即便无力改变，但至少曾经留下过一抹光亮。成为医生，是我交出的第一份答卷；走进更多人视野，有机会和底气发声，是时代给我的附加题。我接下了，恐负了使命。也因此，有了你们看到的此篇。愿这不长不短的故事，把我的微光散播得更远，留得更久。

刘畅：浙江大学附属第二医院心内科医生，浙江大学医学院博士后，曾获国家自然科学基金青年项目;《令人心动的 Offer》第三季选手。

交叉人生

陈娴

我是陈娴，毕业于浙江大学经济学院，现在是一名自媒体创业者。就我大学时学的金融学专业而言，它和自媒体几乎毫不搭边，所以我说我的人生是交叉人生。那么，我为什么会走上自媒体之路？我是怎么走这条路的？交叉人生使我收获了什么？

一、我为什么会走上自媒体之路

这就不得不提到历史背景、思想基础和现实依据三方面的原因。

从历史背景来看，欣赏短视频曾是我枯燥生活中的一剂良药。我高中就读于浙江省瑞安中学，上高中的时候，生活平静如水，当时住校生每两个星期才能回家一次，即使算上睡觉在家也只有 20 个小时。学校不让带手机，我们的世界就只局限于学习、吃饭和睡觉。当时，我所见之世界不过如青蛙头顶的天井一般大，我看不到外面的景色，也不知道自己未来要面对和经历什么。

短视频对于当时的我，就像一个望远镜，让我不曾亲身经历却能够透过创作者的摄像头看到外面的世界。原来名校大学生是这样的、明星助理的生活是这样的，还有白领、家庭主妇和外卖员的生活，等等。像抖音、b站这类视频平台的创作者有很多个体，他们从自己生活的微小视角分享生活，真实记录着一切。从这个角度而言，短视频比电视剧更加实时和真实。我高中时如饥似渴地去看那些生活视频，提前旁观到了自己向往的日子，也让当时的我面对升学和考试有了更多的动力，因为我也想成为那般的人。

这件事后来也启发了我的创作。来到浙大之后，我就想，会不会有人好奇我的生活，也想知道一个浙大女学生的宿舍日常是什么样的。于是，我从日常生活当中汲取灵感和素材，做出了自己的表达。现在关注我的群体中有很多都是初中生、高中生和大学生。我就像当初我看的博主一样，也成了一个传达我的视角的窗口。有的时候我会收到一些中学生的私信，他们说要好好学习，像我一样。这零星的、微不足道的榜样作用，也是我一直在创作者之路上行进的原因。

从思想基础来看，早在2020年7月填报高考志愿的那个晚上，我就对浙江大学传媒学院"虎视眈眈"。但家里的长辈们认为浙大的"社会科学试验班"这个选项涵盖金融、法学等热门专业，选择更多，就业前景也更光明璀璨。拗不过他们的意见，我屈服了。因为不敢承担我行我素的责任，所以宁愿在已知的无力里去遵循长辈的规则。看似有转嫁责任之巧妙，其实还是自己承担后果。

后来再回头看，自己确实也是那次选择的受益者。我本科就读的金融学专业锻炼了我的逻辑思维能力和数据分析能力，帮助我学会运用数学和统计工具解决问题。另外，经济学院教会我的一课，是习惯自己在某些领域的平庸，不再被"泯然众人矣"的事实刺痛。在热门专业的诸多优异学子面前，"人外有人、山外有山"这件事情变得尤其具象化。课业令我苦不堪言，更加使我在闲暇之余投向自媒体的怀抱，那里是我的宣泄出口和避世桃源。

其实我大概也能预见到，如果我拼尽全力卷专业绩点，不会得到太差的结果。可是当周围同学为绩点、竞赛加分卷得"狼烟四起"的时候，我还是选择了提前放弃。因为我的智商、学习能力在高考中已经得到证明，耗费太多的青春反复验证已知的事情在我看来边际效用递减，没有太大的意义，不如去挖掘自己在其他方面的潜能和天地。我并不太希望自己到了毕业、20多岁时，还在说我最擅长的事情只有学习。

从现实依据看，我走上自媒体之路还和我当时拮据的生活颇有关联。

初上大一，兼职辅导员和班里同学一对一暖心对话之时，就提醒我可以申请贫困生助学金。也许她有心提前了解过同学们的家庭情况。而我当时坚定地一口回绝，一方面觉得我家还没有到"揭不开锅"的田地，我怕占用比我更困难的同学们的助学金名额；另一方面，我刚上大一就搜罗各种兼职信息，把没有课的晚上和周末排得满满当当，蹬着自行车出校做兼职，所以还能有点收入来源。

在杭州冬天湿冷的早晨8点骑车去做家庭教师，那感觉酸爽，透心凉。一节家教课2小时，课时费是100元左右。而在我拥有1万个粉丝时，接到第一条广告的费用却有300元。当时我就下决心"弃暗投明"，做完第一学期家教后"金盆洗手"，专心在自媒体领域埋头苦干。

若说，我走上自媒体之路是为了大爱无疆的奉献精神，或者闲云野鹤的艺术追求，实在站不住脚。窘迫的家境使我对于独立、拥有赚钱能力有着更强的需求和渴望。

二、我怎么走自媒体之路的

高考完的第二天，我就开始规划自己的宏图大志了。既做抖音，又同步快手、小红书和微博，我谋划着自己的"帝国"。那个时候我有一种自信，这种自信来源于我每天都生活在某种赞美里。我的朋友们在高一时就劝我要去做"国际巨星",他们很夸张,说你会成为下一个 papi 酱。当时我在这种赞美里活久了,认为自己要不是被学业耽误,早已名扬四海了。所以当高考一结束,我的眼神就放出闪电般的光芒。我说,从现在开始,我要找回属于我的一切。

于是,我大刀阔斧地开工了。写脚本、借摄像机拍摄、导演、出镜,拍完了再自己剪辑和配音。我第一个视频出来的时候,我的朋友说:"哇,绝了,你火定了!"他们纷纷来给我点赞,说他们的妈妈看到也都笑死了。我当时既平静又激动。那一天,我特意等到晚上 6 点——抖音流量的黄金时期,掐着点发布了视频,还"一掷千金"地在抖音平台买了 100 元的"抖加"流量。

发完之后,我开始畅想 Papitube(Papi 酱的 MCN 机构)给我打电话的时候,会对我们说什么溢美之词;我想象着众经纪人为了抢夺我而闹得不可开交。我每隔 3 分钟就要刷新一下自己的抖音主页,直到一个小时之后,这条视频停留在了 7 个点赞。其中 6 个来自我的朋友,另外 1 个来自我自己。一天之后,这条视频停留在了 12 个点赞。我当时不相信这个数据,我自信是抖音出了问题,或者它想趁我哪天不注意,再让我爆火,给我一个惊喜。于是我就等,我等了 4 个月,发布了十几个视频,将我 18 年的智慧都凝练浓缩其中,终于等到了平均每个视频 40 个点赞,等来了共计 187 个粉丝。

我的朋友每一次都对我说,是金子总会发光的。于是,我"死不悔改",越挫越勇。直到第 5 个月结束的时候,我的粉丝终于涨到了 1000 多个,而当时我买"抖加"流量花的钱就已经达到 2000 元了。金子还没发光,我的钱却要花光了。所以回顾这一路走来,我真的不是有天赋或者擅长创作短视频的人。在那籍籍无名漫长的半年多的时间里,都是我的迷之自信支撑我走了下去。

我想说明一个什么道理呢？很多时候不是你成功了所以相信自己，是你相信自己，所以才有可能成功。我拍短视频 9 个月之后粉丝涨到了 10 万。那后来又是怎么一步步涨粉到现在的？我至今没得出一个定论。不管是郁郁不得志时的我、加速度涨粉时的我，还是现在仍然努力但陷入了瓶颈期的我，我在天赋和努力程度上没有太大的差距，收到的却是截然不同的结果。所以像我这样天赋没有那么足的选手，就需要不断地努力向上跳，才能在机会到来的时候，恰好是准备好了的。

一个人暑假留在宿舍拍摄，在大庭广众下对着手机支架旁若无人，深夜想灵感剪视频到崩溃大哭，都是我的难忘时刻。搞怪宿舍日常把"陈闲"推向大众视野，浙大宿舍、红衬衫、抱拳跪地等标志让我在许多网友脑中"阴魂不散"，哦不，难以忘怀。在《最强大脑》海选拿到第七名的成绩和节目里的几个高光时刻，让许多人大吃一惊。"陈闲"卖"浙大"录取通知书，脱掉"孔乙己的长衫"带货等热点每隔一阵可能就会闪现……在浙大普通得不能再普通的"陈闲"居然变得独特，就这么长成了如今的全网 650 万粉丝的博主。

一片树林里分出两条路——而我选择了人迹更少的一条，从此奠定我一生的基础。

在大三嗅到短视频投放市场有萎缩之势，竞争愈发激烈后，我又跻身电商市场成为一名带货主播。当大四和 MCN 机构合约到期后我正式组建了自己的创业团队，成为自媒体创业者，也成为一名 00 后 CEO（首席执行官）。

这一路也有网上的非议和外界的舆论攻击。所幸我从小的经历也并不美好顺利，过去我想要努力走出所在的境地时，周围就常有要把我往下拉、拽回去的力。所以我习惯于在苛待的声音中脱敏，而后受其裨益。实际上，我快速成长的秘籍正是草船借箭，外界刺来的利刃都成了我借力的武器，祸兮福所倚。

如果你也曾觉得自己渺小而不值一提，不妨去做去追求。套着孔乙己的长衫也能跳舞，不必让不好意思给耽误，因为转机很可能出现在下一条路上。

三、交叉人生使我收获了什么

说到我的交叉人生，其实不只是金融与传媒这两个学科领域之间的交叉，还包括浙大高才生的身份和几乎没有学历门槛的博主职业之间的交叉。

"浙大的都来做网红、直播卖货？""你读书的意义是什么？"在大一大二面对网络舆论的压倒之势时，我常常面红耳赤却又反驳不出个所以然。而今我在直播的时候看到个别咄咄逼人的评论却也能安然自若，平静地回答他们："读书让我放下了偏见，不再认为什么学历必须或只能去做什么事。这是读书和教育带给我的。"

交叉人生让许多原本我只能作为普通观众去眺望的人，也有可能看到我，哪怕只是匆匆几秒。这种互相看见的感觉，对我来说十分奇妙。在我正式从浙江大学毕业前几天，我的名字意外在微博热搜的总榜第一挂了将近一天，"浙大百万网红陈娴已有多家公司"。当时的热搜前几名分别有"尚雯婕冠军"和"刘亦菲喝了黄玫瑰拿铁"。再比如我发过一个关于羌族小煞的视频，杨迪老师评论了我；我在某个暑假受邀去参加《哔哩哔哩向前冲》，结识了很多博主朋友；我之前受邀去一个情景剧的综艺做评审，见到了杨超越、李雪琴。虽然在大部分有"大咖"的节目中，我这样的中小博主只是作为舞台角落的旁观者，还是没有成为自己曾经畅想的国际巨星，但能这样近距离地看热闹，对我来说何尝不是人生经历的增加呢？

更何况，自媒体的事业让我与不少有趣的同行者相遇，他们在我孤独行走的路上散发了无尽的光芒。当我和奥运冠军管晨辰在浙大操场旁若无人地跳舞，"面试"杨天真老师一年多后又受她之邀和她交流了一个中午，同路过清华认识的熊博士一起在六盘水广阔无垠的乌蒙大草原狂奔，诸如此类的时刻让我感受到自己一路走来承受了太多的善意。他们浇灌我、欣赏我、温暖我。

过去我一直都不是一个太自信的人，尤其是仰望历史上甚至是身边众多灿若星辰的浙大人时，我常感到自己再努力可能仍然无足轻重。浙江大学汇集了来自全国各地的精英，当周围人的优秀浓度过高、高到一定程度时，我就会对自己有一些怀疑，感到自己的长处不再是长处。可当自己还有另外的事情做得不错的时候，我得到了一些心灵上的慰藉。交叉人生是我大学阶段为数不多的，让我感到自己真正做成了一些事情的东西。这促成了我的坦然心态，使我拥有更多的底气："我没有那么差的。"这片土地穿过的风，蕴含着我热烈燃烧过的生命的蓬松。

最后回头望，我从农村小镇考到县城一中，再到省城浙大，成为所谓百万博主、00后CEO的这一路，其实早已超出我原先的预期。我当然知道其中还有太多机遇的加成，有时势的助力，有浙江大学"大不自多、海纳江河"的包容，有平台、社会不吝提供的机会。蒙诸君之厚爱，母校之深恩，社会之广泽，我会把感激之情铭记在心，历春秋之迭更亦矢志不渝。

陈娴：浙江大学经济学院2024届毕业生，《最强大脑》第九季20强选手，抖音、快手等短视频平台创作者（全网650万粉丝量），00后CEO。

"我"是底色，然后滋养万般颜色

梁艳

你是否时常在跟随一个个人生步骤的时间节点时倍感焦虑？你是否时常在学习、工作、生活多方拉扯中产生深深的撕裂感？你是否常在过来人的经验之谈中无所适从？

如果你有上述情况，那么，请你按下"暂停键"。此刻，你最需要的，是明白为什么有这样的困境，如何走出这样的困境，以及怎样开创最适合自己的发展道路。

一、女性身上裹着的层层"华服"

人是一切社会关系的总和，社会性是人的第一属性。复杂的社会关系映射到个体身上，会延伸出很多社会角色，社会角色伴随着个体的成长又不断地延展与丰富，随之而来的是个体身上不断叠加的责任和义务。

社会角色的扮演，在男女身上存在着明显的性别差异。这种差异不仅体现在角色扮演的不同上，更体现在角色扮演要求的不断变化上。在现存的大部分社会结构中，男性要扮演的社会角色从古至今变化都不大，哪怕男性从男孩角色转变为父亲角色。社会舆论整体没有对男性在养育孩子、家庭投入上的具体职责有过多的要求和期待。

　　反观女性，因为时代的发展、社会形态的变化，所要扮演的社会角色要求不断演化。于是，传统社会结构中对女性的要求保留了，新社会形态下对女性的新要求、新期待又增加了。如果将这种期待要求具象化，女性最好是"下得了厨房、出得了厅堂""既能赚钱养家、又能貌美如花""上班是能手、家务是高手""职场调和剂、生活解语花"的复合型全能者。如果已婚，那要求就再添一层，期待她能快速成长为"工作生活两平衡的生娃带娃超人"。

　　这些社会角色的要求和期待，如同一层层美丽的"华服"紧紧裹附在女性身上，让人挣脱不开、喘不过气。但压力与束缚总有一天需要释放，总会在某个时间档口找到一个裂缝全然奔涌出来，如同弹簧一般，承压越大反弹越高。于是我们看到了很多女性做了不那么传统的选择，比如有人选择不婚，有人选择丁克，有人选择逃离到完全陌生的环境里独自生活……

二、自我"正心"或许才得正解

　　如何承受多元社会角色要求所带来的压力，以及如何化解这种压力，是女性成长发展过程中必须面对的问题。在传统社会中，一个女孩的成长基本是听从年长女性的意见建议，生活似乎就能过得比较顺遂。但在当前的社会中，一个女孩的成长承载着越来越多的期待和要求，如同一道道必过的坡和坎，在爬坡过坎的路上前人的经验并不完全适宜借用，过来人的意见建议并不足以支撑当代女性去解决面临的新问题。

　　当向外寻找却得不到答案时，向内寻找或许才是坦途。向内需要"正心"，心之所向，素履以往。那何谓"正心"呢？"心"在东西方文明中有不一样的理解。东方之心强调的是自我修为，比如佛家强调"正心正念"，道家强调"心斋坐忘",儒家发展至阳明心学,皆是要求人在修身养心上下功夫。西方之心更关注的是理性层面的思考,经过认知科学、行为心理学等发展,形成了心灵哲学。我希望站在比较视野之上,面向女性独特的性别困境去寻找一种解答。

女性在多元社会角色下的自我"正心",最为核心的就是女性的自我价值和社会价值协调统一的问题。在理性和文明相对发达的社会形态中,民众整体对女性的社会价值有着较为广泛的共识和认知。在我国,自从1955年毛主席提出"妇女能顶半边天"的口号以来,社会层面在一定程度上做到了妇女的解放和男女的平等。但事实上,女性还是更多地困扰于家庭与事业的平衡,女性社会价值的维度中也包含了更多的生儿育女方面的职责和期许。女性的自我价值认知与社会价值期许之间的不一致,可能就是很多困局和矛盾的根源。自我"正心"并非要求女性调整自我价值认知,强制自身按照社会价值的标准去重塑和迭代个体,而是希望女性在面对矛盾和问题时,能够知道其中的缘由是什么,个人的自我追求是什么。

以一个职场妈妈为例,她可能正面临着职场发展中的重要抉择,公司将她列为重点培养对象,希望调整她去异地办公从而接受多方历练,但是她的孩子才2岁,另一半也是职场精英,家庭又缺乏人手帮助照顾孩子。这种艰难抉择的时刻,需要职场妈妈深入思考自己的人生追求、可以借助的外部条件,以及是否和另一半有同频的共识。如果没有想清楚自己最想要的、最在乎的是什么,而是被孩子妈妈身份所捆绑,做出牺牲自我发展机会的决定,那么这个牺牲很可能会在其未来漫长的人生中不断被拿出来咀嚼。

精神分析学家弗洛伊德提出了人格结构的三个层次,分别为本我、自我与超我。本我是与生俱来的,代表潜意识形态下的思想,是所有驱动力的能量来源，遵循着快乐原则。自我从本我中演化而来，遵循着现实原则，有着较多的条条框框。超我是一种人格的升华，遵循着道德原则，有着更为高远的追求。本我、自我、超我构成了人的完整人格。

自我"正心"的关键，就是要明白本我的动能是什么、自我的责任是什么、超我的追求是什么。个体做的所有选择，是自我认同的、心甘情愿的，还是留有遗憾、心存芥蒂的？如果所做的选择还存在着哪怕一点点的不甘心，就需要以打破僵局的勇气去寻找另一条解决问题的路径，而不是以委屈自己作为问题的最终解决方案。自我"正心"就是在清楚知晓多元社会角色职责、具备社会价值的共识基础上，还敢于探究自我价值、自我旨趣，调用一切积极的因素去攻坚克难、去自我实现，从而达到理想中的快乐状态。

三、人生出彩的方式有道更有术

"正心"是前提，而后就是鼓起勇气去取势和优术。

取势，即顺势而为。势是一种对社会整体发展、行业发展大势的观察和理解，选对了大势就如同选对了风口，"站在风口之上猪都能飞翔"。明道辨势，女性相对而言较为薄弱。究其缘由，一方面可能是群体性学习研讨的环境缺失，女性群体容易被美妆、情感等其他生活旨趣的事项占据大部分时间和精力；另一方面可能是受传统文化的影响，祖训和礼教在一定程度上还在影响着现代女性的文化教育，在先天性方面就缺少对女性关注国家大事的教育和引导，缺少了探讨国是的大环境和大背景。

庸者谋利，智者谋势。充满智慧的女性会将个人的价值追求融入国家社会发展大势中，随着这股发展洪流到达个体事业的顶峰。"时代楷模"、感动中国人物、"七一勋章"获得者、全国道德模范张桂梅女士就是我心中具有崇高价值追求、充满人生智慧的女性代表。她所从事的事业，就是将个人完全融入国家教育事业和儿童福利事业中，不畏生活的苦难和艰辛，以坚韧执着的拼搏和无私奉献的大爱去追求简朴的真理、纯粹的个人理想。普通的我们或许做不到像张桂梅女士这样，但我们应该认真学习和感悟楷模身上所折射出的践行理想的勇气、追逐梦想的执着、顺势而为的智慧。

优术，即优化方式方法。"术业有专攻""工欲善其事，必先利其器"。女性在成长发展过程中想要自立自强，必须先习得一些能够安身立命的专业知识和技能，在择业的过程中，特别要注重工作技能的不可替代性。实事求是地讲，女性因为生育在职场发展过程中存在一定的弱势，如果工作内容属于替代性较强的领域，容易在后续的职业发展中处于被动的地位。如何进一步加强个体的特殊性和不可替代性，强化个体的工作技能和方式方法，是女性需要努力的方向。从工作领域一样可以延伸至家庭领域，全职妈妈也必须有强大的工作技能和巧妙的方式方法，才能在长时间待机中，既照顾好孩子、关照到伴侣，同时还能让自身有获得感、满足感及幸福感。

女性的成长道阻且长，想要静待花开、花开灿烂、灿烂夺目，需要步履坚实，既遵循发展规律，又回归初心本源，而这一切的基础就是那个"我"。我是"底色"，而后滋养万般颜色；学会"正心"，先观心而后动，动则取势优术，智行致远。

2023年深秋，当我推着两大行李箱，挥别年幼的儿子、忙碌的爱人、辛劳的父母，孤身踏上前往加拿大的求学之旅时，我深知冬季刺骨的寒意并不意味着孤独和萧瑟，它也意味着春的即将来临。

2024年的春天，当我再次回到祖国的怀抱，回归家庭的温暖时，我庆幸自己根据"本心"选择了再深造、再提升，我又收获了一个新的"我"，我的未来又充满了绚烂的光彩！

梁艳： 浙江大学经济学院党委副书记，浙江大学女性职业特质研究与发展中心现任负责人。曾荣获教育部信息工作先进个人、浙江省志愿服务突出贡献个人等荣誉称号。

打好"中年危机战"

王璐莎

　　米歇尔·奥巴马 54 岁出版了她的自传《成为》(becoming)，书中提到曾经历的中年危机，生活的重大变化让她重新审视自己的人生目标和价值观，最终找到了内心的平衡。维吉尼亚·伍尔夫在 40 多岁的时候创作《到灯塔去》，通过角色的内心独白和复杂的情感关系，深刻描绘了中年危机的多层次体验，展现了女性对生活、成就和未完成梦想的遗憾和困惑。生于 20 世纪 80 年代末的我也加入了 35+的中年女性大军，隐约感受到即便是作为普通女性，一些潜伏的危机也正在"跃跃欲试"，即将呼啸而来。如何做好应对，是我们这个年龄段应该思考和准备的问题。

　　"中年危机"一词，普遍认为源起于加拿大心理学家埃利奥特·杰克斯 1965 年在《国际精神分析杂志》上发表的学术论文《死亡与中年危机》。他认为 35—50 岁这个年龄段是人们对自己生命进行深刻反思的时期，定义"中年危机"为一种自我认知的过程。在这个过程中，个体开始评估过去的成就，对未来的前景产生焦虑，并意识到自己的死亡，这些因素共同作用，导致中年人出现情感波动和心理困扰，从而产生"中年危机"。随着 20 世纪 80 年代女性主义运动达成的共识，以及心理学和社会学的发展，女性因面临生育选择、家庭责任和职业发展等一系列的问题，到了特定年龄段会面临更大的社会、心理和生理挑战，遭遇的"中年危机"比男性更加直观。

近年来不少影视剧聚焦女性"中年危机"的议题，将中年女性遭遇的窘境搬上大荧幕——呈现，告诉我们一些可能有帮助的解决方案。电视剧《三十而已》深入剖析了生活在一线都市若干位30多岁中年女性的生存状况，以及她们面临的不同危机；电影《出走的决心》讲述了一位50岁的普通女性在日复一日的家庭压力下，勇敢出走独自追梦的故事；法国电影《再无可失》描述了一位单身母亲与儿童福利中心抗衡夺取孩子抚养权的漫漫征途。不同年龄，不同遭遇，中年女性的失意和抗争是共同的主题。诚然，在厚厚的滤镜加持下，这些影视作品中的女性都在困境中完成了觉醒，依靠坚韧与不屈战胜困难，实现自我成长。然而作品终归是有选择的艺术，开放式结局固然可以引发观众对于女性权益持续的关注与思考，但毕竟展现的只是真实生活的冰山一角，现实中女性遭遇的"中年危机"形形色色，可能引人共鸣、圆满度过，也可能啼笑皆非、潦草收场。如何在这场遭遇战中调整预期，掌握主动，实现多重目标的华丽收官，需要指导，需要策略，更需要耐心。正如"中年危机"定义一样，这是一场持久的面向内心的战斗。

危机即风险，传统的风险管理理论基于风险评估和风险控制的理念，将风险处理分为风险识别、风险处理和风险监控等步骤，放在如今应对女性"中年危机"的场景中竟然非常适用。危机认识是处理危机的第一步，识别危机后，以一种恰当的立场和价值观来应对是解决问题的起点；危机控制则需要找到关键因素和关键环节，控制得好，很多危机都会在源头上被掐灭；危机过后，需要对发生的事件进行反思和复盘，有些关系需要修复，有些目标需要重塑，良好的沟通和及时的目标调整是避免危机再次发生的重要手段。

一、危机识别，长期战斗要奉行长期主义信念

中年是每个人都要经历的人生阶段，是一个跨度很大的年龄段，面对层出不穷的矛盾和问题，危机识别是应对危机的第一步。女性生命周期理论将职业女性面临的危机概括为职业发展、家庭责任、自我认同和一系列不适的生理症状。这一阶段女性大多面临职业瓶颈，感到职业发展停滞的同时质疑自身的职业成就；要承担多重责任，陪伴子女成长，照顾年迈父母；感到自我怀疑，包括对自我价值和人生意义的重新评估；还有伴随而来的失眠和情绪不稳定等生理症状。在这个阶段中，多重问题交织而生，而且持续发生，共同作用于主体身上。这些问题归属于特定的生命周期，是由生理、心理和社会原因共同导致的结果，既然无法避免，无法跨越，要相生相伴很久，那么不如跳出年龄、跳出角色，以一种长期相处的态度来应对这些问题。

长期主义信念认为，长远来看，所有事情的发生都遵循着一定规律，而且都会有一个圆满的结果，虽然短期不会有明显的成效，甚至会反复，会变得糟糕，但是通过长期的投资和努力，未来一定会比现在更好。有长期主义信念的女性，都会以更加冷静、主动、客观的态度来处理面临的问题。坚持长期主义信念的女性会更加注重对自己的投资，对家人的投资，注重价值投资、知识投资、情感投资和健康投资。她们认为，虽然职业可能会受到"玻璃天花板"的影响，但是依靠自己，持续学习依然可以与"天花板"有力抗衡，她们会通过不断提升技能和知识储备，保持职业竞争力。她们认为知识才是通往精神自由的阶梯，是实现有效沟通的良药。她们重视对自己和家人的教育投资，用好各种教育资源、学习机会，不断扩充自己和家人的头脑，在对知识的汲取中保持跳跃的心。在她们的概念里，家人不仅是依赖、抚养

或赡养的对象，更是相伴的伙伴，要相互尊重、相互理解、相互支持，才能携手在问题层出不穷的人生中走得更远。她们也会更加在乎健康，人生是一场马拉松，凭借良好的身体素质坚持到最后的人才是最终赢家。

二、危机控制，健康管理和情绪调节是阻止危机蔓延的利器

最近上映的一部电影《某种物质》（*The Substance*）将女性对衰老的恐惧扭曲到极致，影片讲述了一位一度备受瞩目的好莱坞女明星为了重拾年轻，注射了"某种物质"来克隆出一个更年轻、完美的年轻版本的自己，最终二人被卷入了一场无法挽回的自我毁灭漩涡。人到中年，身体机能进入不可逆转的衰退期，相比年轻人，中年女性对美的追求更加严苛，也更加懂得美不仅仅是外表的光鲜亮丽，更是健康的身体和积极的心态。奥黛丽·赫本曾说："真正的美是内心的平静。"真正的美是身心合一的，是对健康和幸福的追求，能带给旁人赏心悦目和如沐春风的感受。身体的健康、情绪的平静、言语的柔和，不仅能够帮助女性更好地应对中年危机，还能帮助女性展现出自信和魅力，提升整体生活质量，实现身心的和谐发展。

健康管理方面，因为新陈代谢减慢，中年女性要通过科学的饮食和适当的运动来保持良好的身体状态。健康管理不仅仅是身体层面的管理，更是整体生活方式的转变。选择富含营养的食物，减少加工食品和糖分的摄入，可以有效管理体重和预防慢性疾病。适度的有氧运动，如跑步、游泳或瑜伽，有助于增强心肺功能，改善身体柔韧性和力量。此外，应定期进行体检，监测身体的各项指标，确保及时发现和治疗潜在的健康问题。除此之外，保持情绪稳定是战胜中年危机的重要方法，学习冥想和放松技巧，尝试深呼吸练

习，也有助于提高情绪稳定性。这些方法不仅可以减轻焦虑，还可以改善睡眠质量，提升整体健康水平。另外，建立良好的社交支持系统，与家人和朋友保持密切联系，互相提供情感支持，减少孤独感，增强情感上的安全感，也是非常重要的。

三、危机修复，有效沟通和目标重塑避免危机再次发生

美国著名诗人、民权活动家玛雅·安杰洛曾说："人们会忘记你说过的话，但他们不会忘记你带给他们的感觉。"很多关系中，因为言语不当带来的影响和伤害比比皆是，因此建立开放和坦诚的沟通渠道对于中年危机的修复至关重要。沟通不仅仅是表达和聆听，更是理解和连接，通过沟通，女性可以重新发现自己的力量和价值。在家庭中，坦诚的沟通可以帮助家庭成员更好地理解彼此的需求和期望，尤其是在某一次风波之后，女性要及时表达自己的感受，从而找到相应的解决办法。在职场中也是这样，主动与同事和上司沟通职业发展和个人目标，可以为个人职业转型和成长提供新的机会。此外女性也可以通过有选择地参加社交活动和兴趣小组来结识新朋友，扩大社交网络，建立新的社会连接，这不仅有助于情感健康，还有助于个人成长和自我实现。

中年是重新评估和调整人生目标的时刻，设定积极且可实现的目标，女性可以找到新的动力和方向。极简主义是一种很有效的目标设定方式，非常适用于中年女性，它倡导简化生活，对理想的花团锦簇的生活"祛魅"，追求内心的平静和满足。简化物质生活，清理不必要的物品，保留真正有价值的东西，减轻心理压力；简化社交关系，专注于真正重要的人际关系，提升生活质量；精确时间管理，增加个人时间，用于兴趣爱好和自我提升；简化

职业目标，制订详细的行动计划，并分阶段实现。

中年是女性一生中非常重要的时期，这个阶段的女性不仅拥有岁月赐予的丰富经历、阅历和资历，还拥有重新定义自我和追求新梦想的勇气和决心。希望每一位女性都能在中年危机中找到自己的出口，遵从内心深处真实的想法，用更加包容和开放的心态对待世界和他人，迎接人生的每一个美好时刻。

王璐莎：浙江大学女性职业特质研究与发展中心成员，曾获浙江大学校级先进工作者、浙江大学优秀辅导员等荣誉。

以茶启思，破圈而行

周继红

在日新月异的现代社会中，女性力量如同奔涌不息的洪流，激荡着时代的波澜。新时代的女性，早已不再是传统角色的简单摹本，她们勇于挣脱思维的枷锁，积极投身于社会的广阔舞台，以非凡的创新精神与无尽的潜能，书写着无限可能。

一、惯性思维的隐形桎梏

在心理学领域，思维定式，或称"惯性思维"，宛如一道无形的墙，束缚着人们的思考与行动。它源于大脑对一次性解决问题策略的偏爱，以及对过往经验的过度依赖。正如守株待兔的愚者与刻舟求剑的剑客，他们均被惯性思维所困，无法挣脱既定的框架，只能在其中徘徊与挣扎。

我从本科开始就一直学习茶学专业，一直读到博士并留校任教。当提及茶学专业，人们总是充满好奇，却又往往陷入思维定式。他们会问，茶学专业是学什么的？学怎么泡茶的吗？当我解释，茶学学科历史悠久，涵盖茶树的栽培育种、茶叶功能性成分的提取纯化、保健功能研究及深加工应用等领域时，又有人会疑惑，学这个专业有什么用？将来是不是去卖茶？由此可见，大家提到茶学专业，首先想到的往往是炒茶、泡茶、卖茶，这可能就是源于一种思维定式。这种思维定式，不仅存在于对茶学专业的认知中，更渗透于对女性角色的刻板印象里。

在茶馆中，那些身着传统服饰、手法娴熟地表演茶艺的女子，她们被赋予了"茶艺师"的称谓。然而，在现实生活中，她们却常被简单地称为"服务员"，并且不少人自然而然地认为，泡茶就是给别人服务啊，当然得叫服务员。这种称呼不仅是对她们专业技能的轻视，更是对女性价值的低估。

其实，中国作为茶的故乡和茶文化的发源地，从发乎神农闻于鲁周公，到后来沿着茶马古道和海上丝绸之路传播到全球 60 多个国家、地区，这几千年的发展和繁荣从来都不是因为茶的服务属性。唐朝时期，茶是文人墨客的情感寄托，李白、杜甫、白居易等诗人都有专门描写品茶的诗篇。宋朝时期，茶更是成为身份尊贵的宫廷贡品，宋徽宗还专门写了一本茶书《大观茶论》，可见当时茶文化的地位和属性。茶也逐渐被赋予了更为深远的精神内涵，于是我们拥有了"茶道"，拥有了"茶德"，拥有了"禅茶一味"，中华茶文化也开始随着佛法的东渡和航线的西行走遍世界的角落。

时至今日，一片茶叶已经远不止一种饮品，更是在文化与文明的认同之路上，从容地浸润出一片独特、芳香、和谐和彰显大国风范的杯中绿茵。中国茶被引种到世界 60 多个国家、地区，逐步成为世界性饮料。茶叶也被当作国礼赠予友邦，可追溯到唐宋时期的"茶叶外交"历史，被认为是共结和平、友谊、合作的纽带。在国际交往的不同历史时期，中国茶和中华茶文化都发挥着巨大作用，是今日建立政治互信、文化理解以及民心相通的宝贵财富，是联结共建"一带一路"国家的桥梁和纽带。今天，"一带一路"倡议和"乡村振兴"战略，也成为复兴中华茶文化、振兴中国茶产业、建设中国茶业强国的崭新历史发展机遇和时代创新挑战。

二、以开放思维拥抱无限可能

在茶的世界里，我们不仅可以品味到茶叶的清香与甘甜，更可以感受到其中蕴含的深厚文化底蕴与独特精神内涵。正如苏轼所言："横看成岭侧成峰，远近高低各不同"，当我们以全新的视角去审视茶这一传统饮品时，会发现其背后隐藏着无限的可能与惊喜。同样地，当我们以开放的心态审视女性时，也会发现她们在各个领域中展现着非凡才华与卓越成就。屠呦呦，发现青蒿素并获得诺贝尔生理学或医学奖的药学家；郑钦文，用一枚奥运会女单金牌创造中国网球历史的运动员；华春莹，在国际舞台上展现中国智慧与魅力的中国外交部副部长；王亚平，鼓舞着千千万万怀揣航天梦女孩的中国女性太空行走第一人……她们用自己的实际行动证明了女性的力量与智慧，为后来者树立了巍峨的榜样。

然而，在现实生活中，女性却常常受到来自外界与自身的双重束缚。社会对于女性的角色定位存在着固有的偏见与刻板印象，女性自身也可能因思维定式而限制了自己的发展。从小，我们听着《灰姑娘》、《美人鱼》和《小红帽》等故事长大，这些故事中的公主们总是等待着王子的拯救。然而，现实却远非如此。童话让女孩们幻想，却也让她们安于现状，放弃奋斗。要打破这种束缚，女性需要学会用开放思维武装自己，勇敢地追寻自己的梦想与价值。

跟随自己的内心，做自己想做的事，成为自己想成为的人，这需要我们以开放思维为剑，斩断束缚的枷锁。开放思维，是一种积极主动、乐于接纳且不断拓展的思维方式。它要求我们在面对问题时，能够跳出固有的思维模式，从多个角度去思考与探索。这种思维方式不仅能够帮助我们更好地应对生活中的挑战与困境，更能够激发我们的创造力与想象力，让我们在追求梦想的道路上走得更远。

为了破除思维定式，我们可以从一个个小目标、小尝试开始，逐步更新自己的思维方式。多接触舒适圈外的人和事，结交新朋友，拓宽自己的视野与认知；积极学习不同领域的知识，将其应用到自己的工作或生活中；在阅读或观影时，尝试理解不同角色的立场与情感；面对团队冲突时，跳出自身角色，从第三方的角度看待问题。这些做法都能够帮助我们打破思维定式，以更加开放的心态去面对生活中的挑战与机遇。

近年来，随着社会的不断进步与发展，越来越多的女性科研工作者、企业管理者等投身于各个产业领域，成为推动创新与技术进步的先锋力量。她们以非凡的勇气和智慧，改变着女性在传统领域中的边缘地位，为产业发展带来多元化的视角与不一样的可能性。这些女性的成功经历不仅激励着更多的女性勇敢追求自己的梦想与价值，更让整个社会对于女性的能力与潜力有了更加深刻的认识与理解。

女性的力量，在于她们对于人生选择的掌握力以及自我驱动力与韧性。在包容与多元的社会环境中，女性拥有被尊重的选择权与为选择负责的能力。她们在勇于探索未知领域、追求个人价值的同时，也为社会创造了更多的价值。正如茶这一传统饮品在现代社会中焕发出新的生机与活力一样，新时代的女性也在不断地突破自我，创造辉煌。她们以开放思维为翼，在广阔的天空中翱翔，书写着属于自己的精彩篇章。

■ ....

周继红：浙江大学茶叶研究所特聘副研究员，第四届全国高校教师教学创新大赛一等奖获得者，国家级一流本科课程"茶文化与茶健康"主讲教师。

我为什么想赢

王赛男

诺贝尔经济学奖获得者劳迪娅·戈尔丁在其题为《女性为何能赢》的文章中，揭示了职场女性成功的奥秘。她认为，工作对女性而言不仅是谋生手段，更是获得身份认同和实现自我满足的核心。我不禁思考，在职场女性成长越来越被看见的今天，我们是否完成了对自我认可的转变？我们是否已经从外界的期待中解脱出来，开始真正关注和实现自己的内在价值。这种转变不仅是对外界期待的回应，更是对内在自我价值的探索和确认。

回想自己刚进入职场时的不适，以及面对的种种挫折，我认识到女性面对的不仅仅是竞争，更重要的是构建自己的底层自信。我从小就养成了争强好胜的性格。我的名字"赛男"更像是一种对外释放竞争信息的符号，无论是来到一个新的集体，还是去参加一些比赛，当别人读到我的名字，随即就会联想到父母对我的期待，因此让别人看到我、赢得每一场比赛变成了我应该去做的事情。小学三年级，我第一次在县城的演讲比赛中获得了第一名，奖品是一套儿童写真集。那是我第一次拍摄写真，我爸陪着我去影楼，拍摄结束后设计师说写真集的封面可以写上家长寄语，我爸没有丝毫犹豫，脱口而出他对我的寄语：什么事情都要做到最好。回到家后，我妈看到这一条寄语也是满意地笑，表示很认可。那时的我，对大家的期待习以为常，甚至还有点小骄傲。我挺享受这种感觉，因为名字而被关注，因为做到了而更加自信。慢慢我发现自己变得和名字表达的一样，在任何时候，都想跟别人比一比。

进入大学之后，发现身边类似名字的女生还不少，超男、亚男……都承载着超越性别的期望。随着性别意识的发展，我对自己的认知开始发生变化，从为了实现父母的期望，转化为要证明女性实力而努力。在学生组织，我主动去干让男生干的体力活；在分工环节，我大胆举手去承担大多数人不想干的事；在集体活动后，我毫不犹豫地拒绝别人护送回寝室的好意……诸如此类，我朴素地认为，做到与男生一样，模糊性别带来的限制，是我作为女生向这个世界表达女性力量的方式。

初入职场后的好长一段时间，我找不到成长的感觉，逐渐进入到职场失语的状态。没有了学生时代的考试、比赛，少了许多即时反馈带来的成就感，许多工作需要默默完成，合作与交流才是更加重要的能力。在没有很好调适好自己的状态下，因为工作关系，我需要到另外一个城市工作一段时间，遇上了一个喜欢用否定模式来表达工作想法的上司。在每一次工作汇报甚至日常相处中，上司会频繁否定和打压，甚至误解你很多纯粹的善意。在那三个月里，这些像是无形的拳头，一拳一拳打向我，击碎了成长路上构建起来的自信和自我。那时的我陷入了低迷，怀疑自己的能力，怀疑自己的价值，甚至产生了辞职的想法。我开始喜欢在办公室里默不作声，希望全世界都不要看到我。

阅读有时真的是一剂良药。我看到三毛的现代散文《简单》里的一段文字："我们不肯探索自己本身的价值，我们过分看重他人在自己生命里的参与，过分在意别人的评价。于是，孤独不再美好，失去了他人，我们惶惑不安。"在独处的这段时间里，我开始反思成长的种种。我意识到，自己对于成就感的感知和理解是建立在他人评价和反馈之上的，而忽视了自己的感受。尽管习惯了竞争，却没有学会接受失败，短期的成功虽然能带来即时的反馈，但却忽视了长期积累带来的质变。就像《一个人的朝圣》中的哈罗德·弗莱一样，我开始了自己的"朝圣"之旅。我克服自卑的内心，抓住机会选择到新的岗位重启职场，学着去感受那些微妙的、隐形的、持久的成长。我开始学习如何与团队合作，倾听他人的意见，从失败中汲取教训。刚开始，要摆脱长期以来的思维习惯非常难，外界的信息纷繁复杂，有时候令人容易迷失方向。但我告诉自己，要给自己时间，学会包容自己的犹豫和退缩。幸运的是，我在新的工作岗位和许多优秀女性并肩作战，她们每个人都有闪光的特质，我在望向他人的时候总是看到每个女孩身上的闪光点，于是开始问自己，为什么我要抓着自己的不足之处不放呢？慢慢地，每一次面对失败的时候，除了安抚自己的情绪外，我也不断鼓励自己，只是这次不行，不代表我这个人不行。

康奈尔大学的一项研究结果显示：男性通常高估自己的能力和技能，而女性则低估自己的能力和技能。有时候我在想，如果我是男性，我的成长故事和心理特质是否会不一样。但我更庆幸我是女性，我经历了这一切，是因为有一些标准在限制着我们。但女性的力量具有坚韧性和适应性，属于我们特有的觉知能力帮我们细腻地、及时地捕捉住了突破限制的机会。我开始内观，观照内心世界，建构自我视角下的价值体系。

在这个过程中，我深刻体会到，竞争本身并不是坏事，它可以激励我们成长和进步。关键在于我们如何参与竞争。是为了实现自己的潜力和目标，还是仅仅为了打败他人。我们应该庆祝自己的胜利，同时也要尊重他人的努力和成功。面对胜利时，我们要享受快乐，更要学会谦逊和感恩，它只是对我们这一次努力的肯定。面对失败时，我们要学会坚忍和适应。失败是成长的一部分，它提供了重新评估和调整方向的机会，我们要从中汲取教训，而不是让它定义我们。最终，我们要学会接受自己，包括优点和缺点。每个人都有自己的不完美之处，但正是这些不完美才构成了我们独一无二的个性。

上野千鹤子曾说："女性不是一种性别，而是一种处境。"这句话深刻地揭示了女性在社会中的多重角色和身份的复杂性。我非常庆幸生活在这个时代，因为这个时代的女性是幸运的，我们越来越不需要通过与男性的比较来证明自己的价值。相反，越来越多的女性开始内观，观照自己的内心世界，建构女性视角下的价值体系。这种转变不是放弃竞争，而是在竞争中找到自己的节奏，不被外界的喧嚣所左右。

30 岁那年，我报名了学校的教工运动会。我站在 100 米项目的起跑线上，枪声响起，我的身体仿佛被一股莫名的力量击中，每一个细胞都在呐喊："拼吧，我想赢！"我疯狂地摆动着自己的双臂，脚步在跑道上变得越来越快，14:82，青年组第一，我居然拿到了一枚金牌！赛后在学生拍摄的照片中，我看到了那个咬紧牙关、一脸决绝的自己，那是我对胜利的渴望，丝毫没有掩饰。之前，我没有参加过任何短跑比赛，但在听到枪响的那一刻，我想战胜的不是任何一个具体的对手，我就是看着终点，想体验那种拼一把的感觉。

在那个比赛之后，无论是在职场的竞技场，还是生活的点滴中，我开始勇敢地显露那颗渴望胜利的心。这不仅是对过去自我的回归，更是对未来自我的一种超越。这种坦率的态度，构建起我自信的底层逻辑，也在实践中教会我如何接受外界的评价。现在的我，更专注于自己真正的成长，也愿意传递出一种真实、坦诚的态度。

2024 年，诺贝尔文学奖颁给了韩国女作家韩江，她是历史上第一位亚洲女性诺贝尔文学奖得主。组委会在给她的诺奖颁奖词中提到，"她以充满诗意的、散文式的笔触直面历史创伤，揭示人类生命的脆弱"。韩江的作品中，女性形象占据了重要位置，《素食者》一书中的女主人公被家庭和社会的期望所压迫，选择了一种无声抗争的方式，每次抗争就像是女性对自我认知边界的拓宽，是内心深处那份"想赢"欲望的深刻凸显。获得诺贝尔文学奖这一里程碑事件不仅是对韩江个人才华的认可，更是对所有女性作家和对女性群体的贡献的肯定。

真正的"想赢"，并非仅仅为了击败对手或赢得外界的认可，而是一种内在驱动力的体现，它驱使我们不断探索未知，挑战自我，最终达到自我实现的境界。在这个过程中，竞争不再是终点，而是通往更深层次自我认知与成长的桥梁。在人生的赛道上，从追求竞争到自我实现，都是人生宝贵的经历，无论处于哪个阶段，只要我们敢于挑战，敢于笑对失败，敢于畅想未来，一定会找到属于自己的人生。

王赛男：浙江大学女性职业特质研究与发展中心成员，曾获浙江大学优秀辅导员、浙江大学优秀团干部等荣誉称号。

守护花开

陈瑞雪

　　1983年，联合国教科文组织在《国际社会科学》杂志试刊的首页选用了一幅题为"化生万物"的插图，这幅图便是20世纪60年代在新疆维吾尔自治区阿斯塔纳古墓中出土的《伏羲女娲图》。画中伏羲与女娲上半身为人身，下半身为蛇形，人蛇互相螺旋缠绕。伏羲、女娲是中国上古神话中的创世神，创造了人类。两位创世神在这幅唐朝绢画中互相缠绕的蛇身形象一经公开，便让人联想到这与1953年沃森和克里克提出的承载着生物遗传信息的DNA双螺旋结构如出一辙，不禁让人猜测："难道千年前人们已经参透了生命的本质？"

　　这个问题我们还无法回答，但无论神话还是科学，都向我们证明了女性在人类社会发展中作出了不可磨灭的贡献。我们常说"妇女能顶半边天"，这半边天既是《伏羲女娲图》中造人补天的女娲，也是每个人血脉里来自母亲的一半染色体，更是在人类繁衍之外，女性在社会、经济、文化、政治等各个领域中所发挥的重要作用。

　　女性从昔日的边缘走向舞台中央，从被动承受者变为积极塑造者，不断彰显的女性力量已不止能撑起"半边天"。遗传学也证明了女性超出"半边天"的贡献，在23对染色体之外，人类的细胞线粒体中也含有遗传物质，而这物质仅来自母亲。

日渐崛起的女性力量如何持续地在社会变革中发挥创新和推动作用，需要社会与政策的长期支持，也需要女性对自身力量更为清晰的认知。守护花开，守护"她"力量，促进女性全生命周期健康是根本，保障女性在各个领域的公平发展与合法权益是有效赋能。

一、女性生殖健康

以前我们在乎生了病能不能治好，但随着社会发展和医学技术进步，大家更在乎怎么预防疾病。全生命周期健康管理是指对个人或群体的全部生命过程进行健康管理，而不只是在生病时才关注健康和治疗疾病。从配子、胚胎开始，女性经历婴儿期、儿童期、青少年期、育龄期，直至老年期，不同的生命阶段有着不同的健康管理策略，其中女性生殖健康是贯穿女性全生命周期的健康管理重点。

"生殖健康"一词出自1994年在埃及开罗举行的国际人口与发展大会，即与生殖系统及其功能和过程有关的一切事宜，包括身体、精神和社会等方面的健康状态，而不仅仅指没有疾病或虚弱。很多人听到这个词，总觉得只跟育龄期女性有关，常常和生育之类的词等同。但生殖健康管理其实从娘胎里就可以进行了，父母在孕前或者孕期的外环境暴露，比如饮食、吸烟、饮酒等习惯都可能影响到子代的生殖系统功能。

月经初潮的来临往往让女孩子第一次对自己的生殖系统功能有了初步的认知，也是儿童期／青春期女孩生殖健康管理的头等大事。很多女生在第一次来月经时都会手足无措，身边不乏女孩子以为自己得了不治之症。这几年人们逐渐重视对中小学生两性生理知识的科普，让小朋友们提前了解自己的身体在未来可能发生的变化，在面对突然到来的"血淋淋的意外"时不至于惊慌茫然。

而在更漫长的岁月里，女性面临着更为复杂的生殖健康问题。月经紊乱、不孕症、子宫肌瘤、卵巢囊肿、子宫内膜息肉、宫颈癌、围绝经期综合征……这些大家或多或少都曾听过的疾病可能出现在女性一生中的各个阶段，影响着女性的生命质量、生活状态、心理健康，从而对女性的家庭、事业产生影响。以前，很多女性患妇科疾病都不会向人提及，导致很多疾病可能从最初的小苗头发展到严重不可逆转的地步。加之大部分女性走向职场，生活节奏快、压力大，女性生殖亚健康的临床表现也越来越多元化。

随着这些年生殖健康知识的广泛普及和女性对自身健康需求的提升，越来越多的女性开始关注这些疾病的预防方法和早期治疗，比如大家最关心的HPV 疫苗，最开始的时候可以说是一针难求，即使错过了最佳的预防时间，总觉得打上一针更加安心。当然，疫苗的预防作用是有限的，更多的女性也知道了定期进行宫颈癌筛查的重要性，有意识地到医院或者是每年体检时加上这项检查。女性对自身健康的关注催生了一系列女性保健产业的发展，从日常女性卫生用品到生殖系统保健养护，不断扩张的女性保健市场也见证了女性社会地位的提升和女性自我意识的觉醒。

二、身材焦虑与生殖健康

身材焦虑是当今社会中普遍存在的一种心理现象，在女性群体中表现得尤为明显。随着社交媒体的兴起，完美身材的标准被不断放大，许多人在无形中被这些标准所束缚。身材焦虑不仅仅是对体重和外貌的不满，更是一种深层次的自我否定和信心缺失。

身材焦虑的根源往往与社会文化、媒体宣传以及个人经历密切相关。在许多广告、影视作品中，模特和明星们的身材往往被视为美的典范，这种标准潜移默化着普通人的自我认知。即使是身材在社会标准中被认为是"正常"的人，也可能因为和这些"完美"形象有差距而感到自卑。

长期的焦虑情绪可能导致抑郁、孤独感，加剧人际关系的紧张。更有甚者可能影响到职业发展和生活质量，使人陷入一种恶性循环。同时，身材焦虑还会带来两大风险——过度节食与过度运动。

现在很多女性认为低体重不等于好身材，低体脂才能让自己显得更好看。前段时间某个明星"小腹突出"冲上热搜，有的人批判女明星没有做好身材管理，但也有人站出来回击"人家其他地方都很瘦，女性小腹本来就应该有一定脂肪量"。评论里有人科普，女生"小肚子"上的肉是为了保护卵巢和子宫。虽然这个说法不太对，卵巢和子宫在盆腔里，小腹的脂肪并不能保护到它们。但脂肪确实是女性身体不可或缺的一部分，尤其对卵巢组织而言，胆固醇是合成所有性激素的必需品，一定脂肪含量是女性生殖功能发育的前提，机体需要适当的脂肪量才能启动青春期发育、维持排卵和承担妊娠。

在临床工作中，我们时常会碰到因为过度节食或过度运动而月经几个月都不来的病人，这时候不仅需要营养治疗，有时还需要对她们进行认知行为治疗。有的病人甚至通过服用成分不明的药物来降低体重，长期使用可能会对生殖系统和身体其他器官造成不可逆的损伤。

当然，超重和肥胖也会影响女性生殖健康。对于儿童和青少年，肥胖的女孩性发育和月经初潮年龄相对会提前。肥胖育龄期女性容易出现胰岛素抵抗、高雄激素血症，进而影响卵子质量，导致排卵障碍或者月经失调。对于有备孕需求的女性来说，肥胖还会影响子宫内膜容受性，降低胚胎着床率，导致不孕症。

女性要进行科学的体重管理，均衡营养、适度运动、培养良好的生活习惯，健康的身体状态才是美的基础，才能让生活更加精彩。

三、生育权与生育力

生殖权利又称生育权利，是公民的基本权利之一，它包括生育自由和生殖健康两个方面。生育自由是指公民有权自由决定是否生育，包括生育子女的时间、数量和间隔，夫妻之间应享有平等的生殖权利。

一直以来女性的生育角色被高度重视，生育被视为女性的主要责任和义务，这使得许多女性在生育问题上面临巨大的压力。在过去的几十年里，随着社会观念的变化，人们对女性生育权的讨论愈来愈烈。女性生育选择与社会、经济、文化等多重因素密切相关。从 1949 年鼓励生育、增加劳动力，到 20 世纪 70 年代中期开始实行计划生育政策，再到现在的二孩、三孩政策，生育政策的变化直接影响着女性生育权的实现。同时，高房价、高生活成本、高工作压力的背景下，许多年轻人面临着生育资金不足和养育负担较重的问题，很多女性选择晚生、少生甚至不生。

生育权给了我们生育时间的自由，但不得不承认的是，女性的生育力一定程度上限制了这个自由。生育力是指夫妻双方生育活产婴儿的生理能力，其中女性生育力指能够产生健康卵子、完成受精并孕育胎儿的能力。生育力的诸多影响因素中最直接也最重要的是年龄，有研究发现 35 岁后女性卵巢卵母细胞的质量下降明显，更容易导致不孕或者异常妊娠。

随着生育技术的发展，女性的生育力得以在一定程度上延续和增强，即使在年龄较大的情况下，依然能够实现生育的愿望。这仿佛给了很多女性晚生的底气，尤其许多女性对冻卵技术抱有极大的期待，把它当作晚生育或者不生育的"后悔药"。暂且不论目前我国对未婚女性冻卵有严格的条件限制，即使已婚女性冻卵，我们也要知道卵子的冻存、复苏都会对卵子本身造成影响，一定的损耗率是必不可少的，再加上后续体外受精培养、胚胎移植等一系列操作，辛苦冻存的卵子最终能不能保证存活，对个体而言都是未知数。

对于有生育计划的女性，在合适的年龄自然妊娠是对女性健康最有利的方式。但就像此刻在写这篇文字的我，刚成为"新手妈妈"，在产假请多久、会不会影响职业发展、产假期间要如何安排时间等方面依旧会苦恼。因此，女性生育自由与生育力的平衡，需要整个社会的支持，包括提供全面的生育健康服务、保障女性的生育权益、改善就业环境，等等。尤其要倡导平等的生育观念，使男女在生育权利和责任上的分担更加公平，这是实现真正生育自由的关键。

陈瑞雪：妇产科学博士，浙江大学医学院附属妇产科医院住院医师。曾任浙江大学学生会副主席等职，获全国优秀共青团员、中国大学生"自强之星"、浙江省思政微课大赛特等奖等荣誉。

一名 90 后女博士养成记

沈艳

　　近年来，社会上出现"博士过剩"的说法，是这样吗？第七次全国人口普查数据显示，我国人口中博士学历者占人口的比重仅为 0.064％，远低于美国的 1％。我又开始好奇：在如此稀有的博士生群体中，男女比例又是怎样的？环球网的一篇文章《中国的女博士为何那么少？》中提到，在中国，女性与男性的比例在小初高、本科、硕士阶段都相对均衡，但到了博士阶段，女性人数占比直线下滑，比同期欧美高校低了将近 14.1％。教育部数据显示，截至 2022 年，本科生在读、硕士生在读的女性占比分别为 63％、53.68％，攻读博士学位的女性仅占 41.7％。为什么读研的女生那么多，但读博的女生却寥寥无几？一些学界人士将此现象归于社会压力、心理健康、家庭压力、性别歧视等多重因素。

　　在我自己成为博士生之前，听说女博士常被喻为行走在男性和女性边缘的"第三类人"，特别是需要长时间泡在实验室的、攻读理工农医类专业的她们，这似乎已经成为一种天然的异样观感。在我开启博士生涯之后，也听到了女博士生前辈们的"焦虑"声音：身心健康、大小论文、就业发展、社交关系等各类"焦头烂额"之事，也关注到了一些关于读博对女性产生的负面心理健康影响，例如 "The Impact of PhD Studies on Mental Health—A Longitudinal Population Study" 文章中提到了读博对博士生心理健康的负面影

响比父母意外去世还要大。真的如此骇人听闻吗？我开始回想自己的博士生
涯阶段是如何度过的。回望自己五年的实验室生涯，我从一个从未接触过分
子生物学的小白，到教会师弟师妹们完成课题的"老博"。这一路，可谓是
磕磕碰碰，但又充满惊喜与感动。

一、好奇与钝感——保持好心态的秘诀

在典型的"填鸭式教育"培养下，预习、上课、完成作业、复习、备考
是我以前所擅长的，但我发现读博可不是这样，没有主观能动性是很难做好
科研的。通常来说，我们可以从完全掌握领域研究范式并做到举一反三，或
者在研究领域开拓创新理论这两个方面进行突破。于是，在正式进入课题组
的那一刻起，我开始有意识地转变思维模式和学习方式，找准定位，主观能
动地从外界获取知识；瞄准研究方向，学习带着质疑和批判的眼光看问题，
从接受知识到发现知识。当然，我一直保持着对生命科学的敬畏之心与探索
科学奥秘的好奇心，这让科研变得有意思。我也坚持多与导师聊课题，多关
注研究课题的前沿动态，多和同伴们讨论交流实验中遇到的问题，减少信息
差。在此过程中，很感谢导师对我们的包容与鼓励，他告诉我们做科研时常
是喜忧参半，切记不可急于求成。在我们博士一、二年级阶段，被分配到的
任务往往是协助前辈们完成一些简单、重复和枯燥的任务，例如洗刷器皿、
养虫养苗、跑 PCR，这时候就需要沉下心来，切换"钝感力"模式，开启
"空杯心态"。由于我之前没有接触过分子生物学实验，实验理论和操作技能
都十分薄弱，因此也犯过一些低级错误。面对这些失误，我告诉自己要以理
性和放松的状态去应对，不懂就问，坚定地朝着期望目标努力。我十分赞同
"感觉辛苦，是因为你在走上坡路"，犹记在帮助师兄师姐完成发表在 *PNAS*

杂志上的文章的阶段，是实验节奏最快、最辛苦，也是实验技能提升最快的阶段。在熟练掌握实验操作后，我开始发掘适合自己的新方法，这大大提升了我的实验效率。

二、恒心与毅力——小昆虫见大功夫

BPH，半翅目昆虫褐飞虱的英文缩写，它号称"亚洲水稻头号害虫"，繁殖力较强，具有十分重要的经济价值，也是我五年博士生涯中朝夕相处的对象。做过解剖工作的人都知道，解剖过程需要有极强的专注力和毅力，而解剖微米级别的生物组织是我学术生涯中遇到的第一大难关。我从一个难以辨别 BPH 器官的解剖小白，进化到每 15 秒就能解剖出一个完美 BPH 卵巢的"解剖狂人"是花费了一些心血的，凌晨 2：30 的立体显微镜和清晨 5：00 的高速离心机见证了我的汗水和坚持。越是微小的组织，越是尖细的解剖针，越能折射出我们对科学的追求和探索。在发表第二篇文章期间，我解剖了超过 3 万只 BPH，其中解剖过最小的组织约 222.32—266.67 微米（大约 1/3 的指甲厚度）。那段时间，看到 BPH 的第一反应就是"眼睛都要看瞎了呀"。我深刻体会到看似简单的工作，要真正做好并非容易，需要很强的定力、耐性、毅力和信念感，且缺一不可。我的科研道路并非一帆风顺，可以说是荆棘丛生。我与大多数博士生一样，经历了许多次失败重来。更意外的是，我在博士期间经历了 2 次韧带撕裂，错失许多机遇，不得不改了几次课题方向再重新来过。有时候，我甚至怀疑自己是不是适合读博？在第一次看到"Congratulations on the acceptance of your article……"的时候，我意识到每次失败都有其意义，努力是会有回报的。随后，我又发表了 6 篇 SCI 论文（3 篇一作），并荣获博士研究生国家奖学金。"路漫漫其修远兮，吾将上下而求索"，科研就好比登山，过程虽艰辛，但登顶眺望时又那么赏心悦目。

三、惊喜与责任——科研文体两开花

要想让博士生涯充实快乐，劳逸结合是非常重要的。我通常会做感兴趣的事来排解实验中累积的挫败感，而文体活动无疑成了我科研生活中的"调味剂"，一种"呼吸新鲜空气"的途径。博士入学前接到"惊喜"任务，作为新生代表在2016级浙江大学研究生开学典礼上表演诗朗诵，这次表演开启了我在浙大的文艺之旅，包括之后加入研究生艺术团、参加歌唱比赛等。在博士一年级的那个夏天，我通过三轮角逐，晋级校园十佳歌手决赛。生活总是会出现一些意想不到的"惊喜"，比如"喜提伤假"。我由于意外受伤，那次决赛上只好先后三次坐着轮椅被推上舞台，打着石膏、勉强站立地完成了三首歌的竞演，最终却出乎意料地获得了亚军。从那之后，接踵而来的是除了科研以外的责任与担当：代表校院参与节目、主题曲、宣传片录制，包括代表浙江大学录制2020年b站毕业宣传歌曲《入海》、受邀拍摄高校拉歌作品并获26.6万人次点击量；代表学院录制春博会原创歌曲《春临其境》，改编《安全disco》为实验室安全教育版等；受邀参与包括新年狂欢夜在内的校内外演出，担任歌唱指导、校园十佳歌手、新生大合唱等评委等。无论大事小事，我都尽量让它高标准、高质量地完成。这些经历，成了我博士期间浓墨重彩的一笔。此外，我深知强健体魄对于博士生的重要性。在工作日大部分时间里，我都是实验室每日开门的第一人，这让我在白天就能完成大部分实验，傍晚可以抽出时间完成每周3—4次的锻炼，晚上留出时间用来阅读文献、整理数据。我想，坚持早睡早起、饮食规律、保持锻炼，可能是我保持好状态的重要原因。

四、感恩与热情——做自己和他人的小太阳

周围的朋友们总说我是充满活力和正能量的人，这可能是我从小就一直被推举为学生干部的原因之一。博士期间，我曾任兼职辅导员、校博士生会干部等职务。在我看来，学生工作不仅是一份责任，更是一份考验。科研和工作并行的这几年，让我"被迫"地提升了管理时间的能力。我发现，挤一挤时间能完成更多的事。我也因此不断迈出舒适圈。我还发现，学生工作不但没有耽误我的科研进度，反而起到了良好的促进作用。在学生组织、志愿者活动期间，我结识了许多拥有不同专业背景的同学，学科之间的思维碰撞，时常让我获得新的信息源，产生新的想法，这让我在之后的学习工作中都受益匪浅。更重要的是，我在此过程中实现了自我价值，收获了自信，体会到了幸福感，并应用于读博后期的科研合作中。另外，拍摄短视频也是我在博士期间培养出来的技能之一。刚开始只是觉得视频比照片更能具象化地记录生活，后来逐渐发现，这能给周围的朋友带来快乐。于是我自主拍摄剪辑了15个短视频，包括所在党团支部活动记录、三届师兄师姐的毕业纪录片等，出演者大多都是朋友、同学和老师。我希望做一个小太阳，以爱之名，用善意回报带给我快乐的人。

读博固然是要付诸努力，虽说要"吃苦"，但也会换来超乎想象的"甜"。请放平心态，认真感悟科研修炼、身心修炼和人际修炼所带来的成长，过好平凡但有可能充满惊喜的每一天。

沈艳：浙江大学女性职业特质研究与发展中心成员，曾获浙江省优秀毕业研究生、浙江大学"校园十佳歌手"等荣誉。

重返身心合一的内核

刘艳

我们平时乍一看就存在的生理差异，粗略地区分了男性与女性。进而，人们习惯于按照二分的方式区别男性化与女性化两种性别期待。依照期待，在思维方式、讲话风格和行为分工等方面也顺带区分了社会化的性别角色，比如评论某人"像不像个女人"。在这层面纱之下，个体细腻的整体性存在很容易被忽略。

让我们回到存在的本质。心理学家荣格认为，每个女人内在都有一个男性面向，它代表着女性的力量与理性品质，影响着女性与男性的互动；每个男性内在都有其女性面向，它意味着男性的情感与创造之源，也影响着男性的亲密关系。为了理解男性和女性的本质，我们必须离开惯性视角。其实，每个个体，男性或者女性，深层的存在目的甚为一致，那便是身心合一地让自己和他人变得更美好。在这个更高目标之上，原本的二分思维自然被超越，每个人都以自己独特的方式呈现自身的价值。

内在的男性和女性力量，可以被理解为两种不同的能量形式。男性能量的形式更具有攻击性，女性能量的形式更为精微。活出自己的美好内核，意味着同时拥有两种能量形式：积极的力量和精微的力量、给予的力量和接受的力量。理想情况下，这些能量无缝融合在一起，这种状态下个体会感觉到身心合一。

在心理咨询的工作中，我们常见这两种内在力量断裂、失衡带来的临床现象。在此，我列举女性群体中常见的四种类型，帮助正在阅读的你理解内在力量的影响力。

类型一，虚弱且压抑者，即内在男性力量被压抑，难以积极施展自身。这类个体在生理层面往往会呈现出一些与血液或者皮肤相关的问题，比如需要药物维持的月经周期，严重者会在年轻时出现短暂的早更症状；容易出现各种久治不愈但也不是很严重的皮肤病，轻一些的可能只是一讲到自己的情绪脖子和脸部就会发红。如果是男性，这类个体会出现非常强烈的抑郁感，即便拥有很高的社会评价，但是内在依然非常自卑，无法感觉到足够的自尊感以维持关系。她们的生命力长期处于压抑的状态，或者说压抑让她们可以避开很多不想要经历的内外压力，比如变得缺乏攻击性和进取心，比如难以在亲密关系中表达自己的需要。所谓生命力的绽放，似乎是她们遥不可及的事情。她们会很小心地把生活过得像个样子，有些甚至有高成就，但内在的虚无感或者虚弱感会在需要受挫时、缺少活力的梦境中、复杂冲突的人际中呈现出来。

类型二，理智且忽视者，即内在女性力量被否认。与情绪化的表现相反，这类女性堪称新时代的"巅峰之作"，她们极其明智，有领导力和决断力，令高成就的男性也自愧不如。在涉及情感与复杂的纠葛时，她们有一种非常果决且快速的方式令自己和身边的人脱身，即所谓的遇事很有应对能力。但问题也在于"太快了"，没有感受和体会的空间，好像所有的事情都像一个项目一样，有明确的目标、步骤和结果，有清晰的结束时间。可惜的是，症状总是会提醒你还没结束的部分。于是，一些焦虑的反应出现，有太多未消化的感受停留在身体中，变为各种诸如焦虑的不适感，比如睡眠问题、头痛、偶尔的情绪大爆发、一些特殊的类似成瘾的行为（这样的行为也可以让一些东西不被体会，比如只是让一段时间被"吃过去"）。她们的内在力量常常以阳性的攻击性的方式呈现，细腻的承纳式的态度对她们来讲是浪费时间，身体和情感自我常常被忽视，所以外在的成就难以拯救她们内在的焦慌，在育儿这样的事情上简直是最难的。如果是男性，常常给人以所谓"直男"的、"大男人"的印象，这与社会性别刻板印象比较接近，一般不想要建立亲密关系就不会出现什么问题，但即便是约会、表达好感这样一些恋爱中的尝试，对他们来说也是极大的压力，因为他们的感情就如同一只未成熟的小野兽，更有可能直接爆发，而不是娓娓道来。

　　类型三，优柔且胆怯者，即内在女性力量过度占据自我。一个女生柔弱且小心翼翼地活着，往往不会引起太多的关注，因为社会刻板印象、传统女性角色，甚至在至今的一些教育理念中，仍然将女性期待为顺从体贴的。所以缩回去、低下去，对于女性来说似乎不是什么奇怪的事情。这就导致很多女性从幼年到成年，一路"自然而然"地走下去，结婚生子，虽然不知道自己为什么要结婚生子，但是她们如此恰如其分地服从着被设定好的安排。虽然生活中常常会有些小委屈，但如果不是十分被忽略与被打击，她们也会很"感恩"。但是按照心灵寻求平衡与补偿的规律，她们常常会有一些惊心动魄的梦，一些猝不及防的应激反应，或者在亲子关系中会表现出极强的吞噬般的控制感，她们的孩子很难获得独立的能力。如果是男性，他们恐怕会对自己有很多迷惘。他们很容易接近他人脆弱敏感的部分，给予理解和包容，但是自己却常常感觉到不被理解，甚至有太多边缘化的体验，自己不是中心，总也无法彻底拥有"我的地盘"的感觉。他们作为男性，那些主动性的能量似乎总是不能及时出手，这一点真是令人沮丧。但是在一段足够有理解空间的关系中，他们最终会做出自己的选择。突破了自我怀疑的迷障之后，反过来就可以坚定地拥护自我，并且接纳自己独特的心理能力了。

类型四，活力且灵动者，即两种内在力量保持动态平衡。这是一种更靠近身心合一的状态，它意味着你既不会忽略情感和身体，也不会过度张扬理性的价值。一个人会开始留心细微之处，同时不隐匿猛虎一面。于是，她就会充分好奇并体验自己的存在本质，一种流动着的、变化的成长的状态。而这类个体早就在生活中活出了这种状态，她们会卡住也会悲伤，会困惑也会愤怒，她们对于自己的身心反应，如此习以为常，但又不会视而不见或者压抑否认。她们生命中的阴性与阳性力量自如地交错出现，帮助她们应对各种不同的情境与情绪。外在的世界是施展她们内在人格力量的试验场，与他人的关系是一支支充满韵律而又不失单调的舞蹈。我们总会在人生的某些时刻体验到这种感觉，我们称那些时刻为高峰时刻，内在的力量鲜活地充溢在我们的生活中。

正，守一以止。生命的行程中不只有赶路，还需要有歇脚之处，此为身心合一，人合于道。为了重返身心合一的内核，女性可以从两个方面做好自己的心理保健。

第一，了解运用内在力量的惯性模式。不同的心理活动，启动不同的大脑神经网络活动。当你从一个活动转移到另一个活动时，神经网络之间的连接也呈现不断转换的模式。这些不同的模式如同汽车的不同档位，各有其功能。两种基本的心智模式被称为"行动模式"和"存在模式"。前者是朝向目标和任务的，是类型二中个体最常见的状态，看似主动实则被动完成各种"应该"。后者是指一个人将注意力充分关注到每时每刻的自身体验，完全觉察到当前发生的一切，不急于投入和行动，类似于类型四个体生活中的细微时刻，看似不动实则丰富灵动。毋庸置疑，为了重返身心合一的内核，当代人更需要增加"存在模式"的体验。"正"念练习有助于个体找回这种平衡的模式。

第二，与自主神经系统交朋友。多重迷走神经理论告诉我们，我们对身体内外、周围环境和人际互动的感知并不一定会第一时间被我们觉知到，"神经觉"的无意识探寻，更早地对我们的反应方式做出了判断。感觉安全、身心舒适且友善专注的状态与腹侧迷走神经系统的活跃有关；感到恐惧、战斗逃跑、聚焦危险信号与交感神经的动员状态有关；感觉隔离、冻结封闭、孤独迷失与背侧迷走神经的激活有关。三者如同我们家里家人的温暖、安保系统和基础设施。根据情景的不同，三者交替主导我们的状态，引发个体的不同主观感受。很难想象，长期焦虑、交感神经状态下的个体能够感受到身边人的关怀，允许自己身心合一，因为危险还没有排除。你可以探索自己在什么刺激之下出现哪些反应，就意味着你已经进入了何种神经状态，并有意识地通过一些活动调整自己回到腹侧迷走神经主导的状态。常见的一些活动包括专注于慢调且深度的人际互动、与伴侣朋友间的玩乐、找到至少一种韵律或者呼吸相关的自我调节方式。

因此，为了重返身心合一的状态，建议你给自己一些时间回归"存在模式"，同时有意识地寻找一些线索感受安全，增加温暖的人际联结，从而连接腹侧迷走神经的频道。这些努力对于身心系统的健康运作意义重大。

刘艳：浙江大学心理健康教育与咨询中心专职咨询师，注册心理师。

第三辑

一种未来

戴锦华教授和周轶君导演曾经举办过一场精彩的对谈讲座，主题为"女性是一种处境"，此后这句话便流传开来并引起无数共鸣。什么是女性的处境？从古至今这种处境展现出千变万化的面貌，我们难以从某一个方面或者某一个人的经历中对其定义；或者说，我们无法定义它，我们只能描绘它，用更多的方式展开。

　　个体的叙述往往带有各自的人格色彩，我们着眼于人类社会共同的宏大议题时，必然也需要拉远视野，从时间与空间的不同维度综览。"没有调查就没有发言权"，定量比定性有力，数据比感觉真实，所以我们在读完故事，向内观心之后，在本辑之中审视现象，向外览世。

　　本辑汇编了中心成员关于女性相关调研的成果，从女性科研到女性意识，从女性形象到女性婚恋，从女性品牌到女性消费，涉及女性生活的方方面面。有对历史资料的梳理综述，有运用统计方法的数据分析等，带我们从不同角度走近女性，观察女性，并且理解女性。

女性科研人员的选择与格局

苏冬

　　近年来，随着高等教育体系的不断完善与社会思潮的蓬勃发展，越来越多的女性选择继续深造或投身科研事业，她们在科学界的成就与在高素质人才中的比例不断增长，正日益吸引社会各界的广泛关注。作为科学技术研究领域的重要构成部分，女性科研工作者无疑为国家的科技进步与创新驱动发展战略做出了举足轻重的贡献。然而，她们在学术探索的征途上亦面临着诸多挑战与长期职业发展的局限。由此，我们需要围绕女性科研工作者的学术选择展开探讨，考察当代女性选择科研道路的动因、面临的社会性阻碍以及支撑她们坚定前行的多重力量。

一、选择背后的考量

　　如今，越来越多曾经低调内敛的女科学家，正在突破科学研究的边界，逐渐站到舞台中央。相关针对全球科研人员性别调研的数据显示，全球女研究员的占比已经从 20 年前的 29％上升到现在的 40％左右，特别是中国女科学家的增长令人瞩目。《中国妇女报》引据，目前，在我国国家重点研发计划项目中，女性项目课题负责人约有 6000 人，履行项目骨干比例占到 27％。从我国首位诺贝尔生理学或医学奖获得者屠呦呦，到破译出最古老现代人基因组的中国科学院研究员付巧妹，再到凭借在社会和情绪神经科学方面的重大发现荣获"世界杰出女科学家成就奖"的胡海岚，越来越多的女性科学家在世界顶尖科技舞台上绽放光彩。

与此同时，大学校园内女性学生的比例也呈现出显著的增长趋势。据教育部发布的数据，普通本科招生中，女性人数已连续 14 年超越男性。在学历层次更高的研究生教育阶段，在校女性的数量也从 2010 年开始超过男性。"男理工、女学文"的界线也正在变得模糊，众多理工科专业中男女学生的比例已趋近均衡。此外，全球主要国家中女性博士学位持有者的比例正持续攀升，已构成了一个日益壮大且不容忽视的高知精英群体。数据显示，自 2009 年以来，在美国获得博士学位的女性连续 9 年多于男性，2017 年该比例达到新高，女性占授予博士学位的比重达到 53%；2/3 的欧盟国家的女博士比例达到 45%～55%，且近十年女博士数量的增长趋势要远快于男性。这种趋势在我国更为凸显：根据教育部的公开数据，1999 年，我国在学女博士生不到 1.2 万人，占总博士生比例仅不到 25%；2009 年，我国在学女博士生数量攀升至 8.5 万以上，占比达到 35%；到了 2019 年，全国读博人数中女性占比已接近 42%。

这些数字的背后，是越来越多的女性对自我成长与价值实现的更高追求，同时期待以学历跃升的方式，弥补性别差异所带来的未来职业选择和职业发展中的社会性差异。然而，也有不少女性将选择深造与选择安稳、选择躲避等同起来，将"做学术"作为自己暂时逃离就业竞争、延迟走入社会的"避风港"。在各类理性与非理性的选择下，迈向学术天地的女性群体越来越多，在漫长的科研道路上，她们也面临着更多挑战与彷徨。

二、选择之后的不安

学术，不仅是知识的殿堂，更是个人事业与社会角色的交汇点。即便是置身于被喻为"象牙塔"的学术圈，那些正逐步迈向卓越的女性科研工作者们，亦需直面家庭责任的重负、外界的偏见与非议，以及内心深处的不安与自我质疑。

我国女性科技人才基数较大，但拥有较高学术地位和管理地位的女性科研人员比例还比较低，这便是科研领域一直存在着的"科学管道渗漏效应"（science pipeline effect），如在本科到博士教育阶段，女性占比并不低，但博士后、教授乃至院士，包括科研领域的领导者，女性的身影却越来越少。根据中国科学院发布的研究报告《性别视角下的中国科研人员画像》，我国女性科研人员在 2019 年的占比仅为 27.7%，且女性专业技术人员的占比正在随职称的升高而不断降低，特别是位于学术金字塔顶尖的女科学家更可谓凤毛麟角。长久以来，女性在学术界更多的是在"参与科学"，大多数女性都没能站进"科学的核心"。一方面，女性在科学、技术、工程、数学（STEM）领域的参与度仍然严重不足；另一方面，女性在科研圈更多是贡献者而非领导者。在诺贝尔奖 100 多年的历史中，女性诺贝尔自然科学奖获奖者只占获奖总人数约 4%；我国女性在中国科学院和工程院院士中占比仅 7%。2021年两院院士增选，中国科学院增选院士 65 人，女性仅 5 名，中国工程院增选院士 84 人，女性仅 6 名；2023 年增选的 133 位两院院士中也仅有 6 位女性。可见科学领袖地位上的女性仍然匮乏，阻碍女性成为高层次科学人才的"玻璃天花板"一直存在。

（一）关键职业发展时期的角色冲突

是女性在科研领域存在先天劣势吗？答案显然是否定的。一个直观且常被提及的考量因素在于，女性科研工作者在承担家庭角色及广泛的社会责任时，相较于其他群体，往往需投入更多的精力与时间资源，进而影响了她们达到科研成果高产阶段的时间轨迹。科研生涯的构建，对于大多数科研工作者而言，始于漫长的学习训练过程，这一过程占据了她们青春岁月的大部分时光，学成后她们又紧锣密鼓地开启求职阶段。在这个过程中，除了深耕科研领域，她们还需要兼顾家庭生活的方方面面。如一项研究统计表明，在2020年初，即新冠疫情暴发初期，女性在科研成果中的贡献比例——作为第一作者、最后作者及通讯作者的比例——相较于疫情前出现了显著下滑，分别减少了近20%、12%及20%。这与出行限制、学校和科研机构暂时关闭有关，考虑到职业和家庭负担，女性似乎更难在居家办公期间继续开展科研活动。女性科研人员因生理特性而在生育及家庭关系维护上承担更多责任，而科研工作的高压性和超时工作要求会给女性带来额外的挑战，大部分女性科研人员需要面临建立家庭、抚育子女和科研创新黄金期的时间重合问题。因此，尽管在基础教育阶段及职业发展初期，男女比例几乎保持均衡，但那些具备高度潜力的女性科研人员在中青年时期，由于多重角色冲突，更难以全心全意地投身于科研事业，导致其职业发展步伐相较于男性可能出现滞后现象。

浙江大学近期推出的一则专题报道，深度访谈了四位来自不同国家、处于人生不同阶段的女性科研工作者。她们之中，有的已在博士毕业后前行十年，有的则初入学界四年，有的已为人之母，有的则刚刚步入婚姻的殿堂。尽管在各自的科研领域内已初露头角，她们仍坦言，科研之路远比预想中更为崎岖——尽管科学界日益倡导价值观多元化与包容性，对女性展现出更多的善意，"但最难的还是家庭与工作间的平衡""一边是需要快速重启的科研，一边是等你回家的孩子"。这份双重角色的压力，对任何人而言都是一场考验，生育、哺乳及母性本能所引发的角色分配冲突与时间紧迫性，无疑为科研之路增添了额外的波折。特别是在更加强调以成果论英雄的"青椒"时期，"面对这些困难和压力，只能投入更多的努力、时间以及效率去补回停滞的研究"，在理想与现实的交织中，科研成果不得不成为一项需要"她们"奋力追赶的"硬指标"。这也是造成女性科研者"玻璃天花板"这种无形的职业发展障碍的重要原因。

（二）社会舆论下的多维职业偏见

除多重角色带来的客观平衡问题之外，女性学者还常因遭受社会舆论的纷扰而备感焦虑。有研究指出，媒体针对女博士群体的相关报道，多聚焦婚恋困难、就业挑战、情商欠缺、健康状况不佳等负面形象，这种刻板印象对女性的科研发展造成了负面影响，导致她们被低估或被排除在重要项目之外，成为阻碍女性科研人员发展的又一因素。许多研究表明，女性在获得资金支持、发表论文、晋升等方面相对于男性面临更多困难。2023 年 6 月，《自然》（Nature）杂志上的一篇研究揭示，女性在科研论文署名上的认可度远低于男性。有学者指出，社会对于女博士的刻板印象，不仅使这一群体边缘化，影响其婚恋市场地位，更将这种不利局面延续至其成为正式研究者的职业生涯。这些角色冲突与舆论声音的洪流，无疑对众多怀揣梦想、致力于科研探索的女性工作者造成了信心上的冲击。瑞典一项针对女性博士生幸福感的调研显示，她们容易在价值观、观念与决策间摇摆不定；而我国的相关调研亦表明，女性博士研究生对学术研究的兴趣与科研抱负低于男性。这些差异或将累积，影响她们对于学术道路的坚持以及未来可能取得的科研成就。

在向上生长的旅途中，如何保持内心的宁静与坚定，不为外界风雨所动，坚守初心，是每位女性学者必须面对的课题，需要内心深处反复明确并时刻提醒选择这条道路的真正意义所在。

三、选择何以坚定

在大浪淘沙的学术道路上，女性科研工作者对于学术研究的坚守，需要突破诸多禁锢。她们需跨越制度政策之限、社会阶层之壁、身份认知之框，以及个体幸福之感对"性别视角"的既定塑造，不断汇聚外部的支持力量与激发内在潜能，进而真正拥有自信与能力，以更为开阔的视野和格局，积极投身于国家的发展建设，深切关注社会现实问题，在纷扰多样的声音中，坚守科研工作者的学者风范与女性品格。

（一）获取外源力量的关注支持

为消弭科学技术领域内存在的性别差异，激励更多女性涉足科学领域，在科技创新中发挥更大作用，各级政府、大学及研究机构，以及企业组织等社会各界已不断在制度和政策层面对女性科研者予以支持，致力于营造一个有利于女性科研工作者研究产出的外部环境。

自 2010 年起，国家自然科学基金委员会（NSFC）便采取了一系列旨在支持女性科研人员的专项措施，这些措施包括但不限于：在同等条件下实施"女性优先政策"，为哺乳期女性提供特别照顾与倾斜，将女性申请青年科学基金的年龄上限放宽至 40 周岁（相较于男性的 35 周岁），逐步增加参与项目评审与资助决策的女性专家数量与比例，对科学基金在促进性别平等方面的成效进行持续跟踪与监测。2011 年，为应对女性科技人才基数庞大但顶尖人才相对匮乏的问题，中央组织部、人事部与中国科学技术协会等机构在"中国青年科技奖"评选中，将女性获奖者的年龄上限从 40 岁调整至 45 岁。2021 年，科技部等 13 个部门联合发布了《关于支持女性科技人才在科技创新中发挥更大作用的若干措施》，从多维度推动女性科技人才的全面发展。上海等地方政府亦积极响应，出台了一系列旨在加强高层次女性科技人才培育、打造生育友好型工作环境的政策措施。近年来，NSFC 继续深化其支持女性科研人员的努力，不仅重申了同等条件下的"女性优先"原则，还允许孕哺期女性延长项目周期，并进一步提升女性专家在项目评审中的参与度，为女性科研人员争取项目资助、推进基础研究提供了支撑。值得一提的是，为支持高层次女性科研人员的学术成果，自 2024 年起，女性申请国家杰出青年科学基金（国家杰青项目）的年龄上限已从 45 岁放宽至 48 岁。此外，科技部国际合作司于 2024 年 11 月最新发布的《关于发布国家重点研发计划"政府间国际科技创新合作"等重点专项 2025 年度第一批项目申报指南的通知》中，特别强调了鼓励有能力的女性科研人员担任项目（课题）负责人，并积极吸纳女性科研人员参与项目攻关，体现我国在推动女性科技人才国际交流与合作方面迈出新的步伐。

此外，为了让更多女科学家"被看见"，消除女性科技工作者中的"高位缺席"和"性别刻板印象"，社会各方亦在动员外部力量，设立多种女性科研工作者的专项奖励或成长计划，以提升女性在科研领域的成就感与认可度，如全国妇联、中国科协、联合国教科文组织设立"中国青年女科学家奖"，20 年来激励了诸多优秀的女科学家在科研领域内取得的成果和获得的突破。迄今已经有 204 位女科学家获此殊荣，其中有 13 位当选院士，其中还有 7 位荣获"世界杰出女科学家成就奖"。同时，高层次女性科技人才的交流平台层出不穷，如浦江创新论坛女科学家峰会、中关村论坛科技女性创新论坛、世界人工智能大会 AI 女性"菁英"论坛、世界顶尖科学家论坛"她论坛"、"女科学家成长计划"等，均在为女性科研人员提供更高层次、更多元化、范围更广的交流渠道，亦使更多优秀女性科研人员的成长故事激发更多青年的科学热情，为社会的进步和发展贡献力量。

在 2023 年于人民大会堂召开的中国妇女第十三次全国代表大会上，多位女性科研人员及大会代表提议，相关部门应在干部选拔任用、院士增选等关键环节对符合条件的女性科技工作者给予优先考量。同时，在项目评审、人才评价体系及科研经费分配上，不应仅仅局限于放宽申请年龄限制，而应更加积极地倾向于 35 岁以下的女性科技工作者，并专门制订针对青年女性科技人才的培育计划。此外，还应在学生教育阶段加强对女性的科技启蒙与引导，关注女性科研人员的身心健康状况，并为她们妥善解决子女托管及教育问题，确保女性青年科研人员能够拥有更多时间与精力专注于科学研究，从而创造一个个体选择不受性别偏见影响的社会环境。

（二）以科学研究价值为内核的自我驱动

正如北京师范大学教授张莉莉所言："个体间的差异远大于性别的差距，每个人的选择都有各自的驱动。"女性科研人员在学术研究上的坚持与成就，本质上还需要强大的自驱效能。女性科研者需具备超越眼前阻碍与日常喧嚣的视野与格局，深刻理解并评价科研事业的价值。这种价值，往往超越了即时的功利性成果，蕴含于知识的深厚积累与学问的不懈探索之中，它们共同塑造了个体的内在富足、人格完善、思想深度以及视野的拓展。因而"学者"之名，绝非仅属于科研领域的从业者，而是一切为推动进步而孜孜不倦、攻克难关的经历，在一个人身上所留下的深刻烙印。

被誉为"东方的居里夫人"的吴健雄先生，作为奥本海默的学生，她以外籍女科学家的身份参与了历史上著名的"曼哈顿计划"，直接影响了原子弹的研制进程。她的实验结果为核反应堆的稳定运行提供了关键数据。在与同为物理学家的袁家骝的婚礼上，吴健雄曾声明："我希望被称作吴教授，而不是袁夫人。"在她的科研观里始终坚持着"科学没有性别，只有好奇和探索"。

林徽因先生，作为中国现代建筑学的先驱，其一生充满了挑战与坚持。早在 1921 年，她在欧洲游历期间便对建筑学产生浓厚的兴趣。然而，当她试图进入宾夕法尼亚大学建筑系时，却因性别原因遭到学校拒绝。这未能阻挡她学习建筑的决心，转而报考了艺术学院的舞台美术设计专业，并花费大量的时间同时辅修建筑系课程。此后，她与丈夫梁思成共同游历中国，用双脚丈量了 190 多个县市的土地，在没有安全措施的保护下，使用极其简陋的工具进行测绘，一寸寸地摸清了华夏大地上那些隐藏的、深山中还未遭遇毁灭性破坏的古建筑，为中国的建筑事业作出了巨大贡献。林徽因不仅是中国第一位女建筑师，更以其对民族文化的深刻理解，参与了人民英雄纪念碑和中华人民共和国国徽的设计，为中国建筑学的研究与教育倾注了毕生心血。面对战乱与困厄，她始终保持淡泊名利、宠辱不惊的态度，展现学者应有的宽广胸怀与高远格局。

步入当今的和平发展时代，有越来越多女性科研工作者投身国家技术创新，遵循自我的热爱与价值，而不是根据传统性别角色的定型来发展自己。北京时间 2022 年 6 月 24 日凌晨，法国巴黎联合国教科文组织总部，浙江大学神经科学中心执行主任胡海岚教授获颁"世界杰出女科学家成就奖"。这一奖项被称为"女性诺贝尔科学奖"，每年只颁给全球 5 位女性，胡海岚是这一届最年轻的获奖者，也是该奖项全球最年轻的获奖人之一。自神经科学生涯的曙光初现之时，她便踏上了不懈追求的征途。2008 年，她拒绝多重挽留，毅然回国发展，"希望把一生的科研黄金阶段留给祖国"。胡海岚说："科研就像不知道终点在哪里的马拉松，你要调整好自己的节奏，有时候快，有时候慢，有时候有同伴一起，有时候也要一个人孤独地坚持。"她凭借着对于科学研究矢志不渝的追求以及女性独有的细腻与坚韧，为抑郁症患者的治疗带来了重大突破。

浙江大学地质学专业博士唐立梅，出生在河北保定蠡县一个普通农家，进入自然资源部第二海洋研究所之后，她不畏野外艰苦作业环境，多次参加大洋科考与极地科考，是我国首位搭乘"蛟龙"号深潜大洋的女科学家，并随"雪龙"号赴南极参与科考全程 165 天，成为首位兼具大洋深潜与极地科考经历的女科学家，到达深海、南极的第一位中国女性。地质学通常被认为是一个艰苦的领域，对女性来说尤其如此。在所有的光环背后，是她背着几十公斤岩石断面，在南极茫茫雪原上的步步脚印；是她为保持下潜 10 小时内的断水状态，从前一夜便对抗生理本能停止喝水。她带着对科学研究的热爱和对未知的好奇，不断挑战极限，踏足人类从未涉足之地。同时，唐立梅认为，科普也是科学家职责的一部分。她喜欢去中小学开讲座，因为孩子们的眼里有光。相比学术论文，传播科学知识能让更多人领略科学的魅力，尤其是对青少年，引发他们对世界的好奇心和探索欲，在下一代人心中埋下科学的种子。

在科研领域，这些杰出的科研女性不仅是学术领域的领军人物，更是激励和鼓舞着无数年轻女性走上科学之路的典范。女性科研工作者的格局关切体现在代代传承之中，她们卓越的成就，为下一代女性科学家们不断铺就宽广道路，为建设一个更加包容和平等的科学世界贡献力量。

无数的"她们"，正是未来映射中的"我们"。

　　在各种艰辛与选择中，这些女性科研者从未放弃对知识的追求与对国家和社会的关切。她们以坚定的信念、专注的精神以及对社会百态的同理心和洞察力，展现了女性学者的独特魅力。她们毅然决然地踏入"象牙塔"，投身于科研这项神圣而崇高的事业，并非为了追逐浮华的名利，亦非逃避纷繁复杂的社会现实。相反，她们选择了在磨砺中成长，选择了将个人的理想与对现实的深刻探索紧密融合。在以广阔的视野去审视世界、构建自我使命感的征途中，需要更多的女性科研工作者们以这般风范与品格，勇敢地挣脱重重束缚，坦然面对挑战，不断将丰富的感性生命体验转化为在学术道路上砥砺前行的强大动力。

苏冬： 浙江大学学生职业发展培训中心讲师，工学博士。

"女士优先"：是尊重还是偏见

刘文俊　李子毓　龙媛　李佳荷　路文硕

一、"女士优先"的起源

"女士优先"，又称为"女士第一"或"女士先行"，是一项在国际上被广泛认可的绅士的礼仪原则。在公共场合，特别是男女交际时，成年男性应当对女性表现出礼让，应用自己的言行主动去尊重、关怀、照顾女士。"女士优先"的起源与发展可归结为三点。

（一）宗教崇拜

在西方，耶稣的母亲圣母玛利亚不仅是纯洁母爱的象征，也是"理想女性"的形象代表，她改变了人们心中女性的形象，使女性形象不再等同于夏娃所代表的堕落，这对提升女性地位起到了积极的作用。对圣母的崇拜也在一定程度上提高了西方女性的地位，尤其是上层贵族阶级女性的地位。

（二）骑士精神

一般认为，"女士优先"最早与欧洲中世纪的骑士制度有关，是一种盛行于骑士阶层的礼仪。骑士是中世纪西欧封建制中贵族等级里最低的一个阶层，往往被认为是荣誉和信仰的忠实信徒。但是早期的"骑士"并不尊重女性，作为士兵，他们热衷于烧杀抢掠。在这种情况下，为了约束野蛮的骑士行为，权威的天主教会逐渐确立了一系列道德准则，即如今的"骑士精神"，包括武艺高超、忠诚守信、慷慨豪爽、温文尔雅、珍惜荣誉等。

"骑士精神"的美化，与中世纪晚期吟游诗人和文学家们的浪漫诗意化的处理紧密相关。在他们的笔下，骑士追求的目标不再是掠夺，而转变为荣誉与爱情。骑士们展现出忠贞、勇敢而浪漫的品格，与骑士们相恋的对象往往是贵族妇人。这种恋爱关系带有强烈的理想主义色彩，被人们称颂为"骑士之爱"或"典雅爱情"。中世纪后期，生活富裕起来的大领主开始追求文明和教养，领主夫人们成了彰显文明气质的文艺活动的领袖，做起了延揽名流、吟游诗人之类的装点门庭的工作。吟游诗人为了取悦女主人，创作了浪漫忠贞的"骑士之爱"，并得到了城堡女主人的支持，使"骑士之爱"成为欧洲当时最为流行的通俗文学主题。在广为流传的骑士精神中，骑士的爱情里经常会有一位高贵女性的身影，她们优雅且美丽，为她们献身成为骑士的莫大光荣。这种骑士精神延续下来，逐渐演变为今天的"女士优先"。

（三）贵族沙龙

另外，贵族夫人们主持的文化沙龙也在"女士优先"观念的萌芽与发展中起到了重要作用。文艺复兴后，随着商品经济的兴起，贵族阶层日益富裕，文化教养在身份地位中的重要性也日益凸显。在现实社会交际中，传说中的浪漫骑士精神得到了越来越多的认可，逐渐演变为上流社会公认的社交礼仪，尤其体现在 17、18 世纪的"文化沙龙"之中。一直以来，沙龙的组织者多为受过教育的贵族妇女。沙龙聚会格外强调与会者的修养，人们必须时刻注意保持礼貌、优雅和诚实的形象。法国第一个著名的沙龙组织者，朗布依埃侯爵夫人参照意大利的骑士法典，制定了一整套用于沙龙聚会的礼仪规则。在之后的 200 年里，在法国流行的沙龙聚会基本上延续了最初的形式和礼仪。贵族夫人们不只是组织者，也是沙龙聚会的核心，她们受到的尊敬既来自主办沙龙的财力和地位，也源于她们自身高雅的谈吐和举止。文人墨客们在贵族的客厅里谈论文学和政治话题，其中也有一些出身低微的文人通过参与沙龙聚会而进入了上流社会的圈子。启蒙时期的伏尔泰、卢梭等思想家都曾是贵族沙龙聚会的常客，贵族夫人们就这样成为他们笔下经常歌颂的形象。贵族沙龙的形式不仅支持了文人墨客的创作，为其提供了一个交流的平台，还直接影响到现实政治的发展，对欧洲风尚的启蒙运动和法国大革命等一系列事件产生了重要影响。最终，文化沙龙聚会礼仪中的"女士优先"原则被最终塑造成了今天的形式，并成为西方世界的普遍共识。

二、"女士优先"的演变

"女士优先"这一礼仪通常适用于成年异性进行社交活动的场合。它在各种社交场合中表现为成年男性自觉地采取实际行动来照顾女性、保护女性、体谅女性、尊重女性并且尽全力为女性排忧解难。如果因为男性的不雅之举而使女性陷于困难、尴尬、失态的境况，那么这就是男性的失职。只有遵循"女士优先"这一行动准则的男性才会被视为有教养的绅士；反之，就会被视为粗鲁无礼的人。"女士优先"的表现形式随着时代的变迁和地域的不同发生着变化。

过去，"女士优先"代表着日耳曼民族的妇女情结、优礼女士的骑士精神；今天，"女士优先"已发展为国际礼仪原则之一，具体表现有：在公开场合发表演说时，演讲者的开场称呼要先称呼"女士们"，再称呼"先生们"；

正式场合入座时，绅士通常会主动帮女士拉开椅子、脱去大衣，待女士入座后再把椅子推回；在进出电梯、出入门厅的场合，男士应抢先一步把门打开让女士先行；下车、下楼时男士应走在女士的前面，以便随时照顾；男女并行走在街上时，男士应主动走在有车辆行驶的那一侧，保护女士安全；当走进剧院、餐厅时，男士应走在前面，找好座位；共同外出就餐时应让女士先点菜；在机场、车站等场所，男士应主动帮女士拿行李、办理手续；打招呼时，如果夫妇同时在场，应先向在场的夫人打招呼，等等。

"女士优先"也鲜明地体现在法国宴饮文化之中：女性不仅可以与男士同桌进餐，而且在整个宴饮中起着关键的导向作用。当所有女士都铺好餐巾拿起刀叉开始就餐之后，男士才可以开始进餐；女主人起身离席代表整个宴饮的结束，其他宾客方可离席；上菜也同样遵循"女士优先"的原则，服务员按照女主宾、一般女性宾客、女主人的顺序依次送上菜盘，然后再给男士上菜；用餐过程中，无论相识与否，男士都有义务帮助身旁女士，诸如递调料瓶等；也应主动与女士交谈，开窗、吸烟、接电话等也应先征得女士的同意。

随着时代的发展，女性意识逐渐觉醒，女性地位不断提高，社会对女性意愿的重视程度也在增加，出现了许多针对女性需求的基础设施。例如韩国推出了单身住房租赁等多种专门针对独居女性的服务和产品，在首尔市中心的一个单身公寓中，16层至18层是"女性专用楼层"，每层楼道都设置了紧急求助按钮，能够直接联通24小时值班的保安室。近年来韩国社会的女性安全问题备受关注，女性专用楼层申请订单排起了长队。不仅如此，还有设置地铁"女性车厢"来保护女性乘车安全，"女性专用停车位"来服务女车主，以及"女性使用轻便厨具"等。

三、"女士优先"的本质探讨

（一）传统含义

"女士优先"原则根植于西方的传统社会，如果说中国的传统社会推崇尊师敬老，那么西方则是以尊重妇女为核心导向。社交场合中的"女士优先"礼仪原则要求成年男性在任何时间、任何情况，都要在言行举止方面表现出对女性的尊重、照顾、帮助和保护，由此衍生出男人对女人的宽容、忍让、同情乃至崇拜等品性。在讨论女士优先本质的过程中，我们不得不考虑西方的文化渊源。

"女士优先"这一词语最早的由来是在中世纪的法国，有人把"女士优先"说成是中世纪欧洲骑士精神的传承；也有人解读说，女性因身体等天生的不可抗因素，在依靠手工劳动和战争为生的社会中是弱者，值得怜悯、同情；还有人从宗教角度进行分析，认为"女士优先"是由于对基督文化圣母玛利亚的敬仰从而形成的习俗或准则。在这个基础上，"女士优先"不断发展，已经成为国际礼仪。

（二）当代解读

时至今日，女性主义思想发展到了一个空前高度。曾经被认为是善待女性的"女士优先"原则也被视为一种对女性的规训，促使女性接纳诸如"是女人你就做不好这件事"的恶意性别歧视，最终巩固了父权制。"女士优先"的内在逻辑是将男性视为天生的保护者，女性则是天生的被照顾者，这种观念被学界定义为善意的或仁慈的性别歧视，在善意性别歧视的友善外衣包装下，女性会因为受到看似更多的友好对待而逐渐接纳包含恶意性别歧视的父权体系。一方面，比利时心理学家在多个研究中证实，越持保护、照顾女性的态度，女性就越容易自我怀疑，降低自尊，从而强化女性弱者和附庸的地位，在女性自我认知中就削弱了她们的社会竞争力。另一方面，德国心理学者们通过诸多实证研究指出，在这种自我怀疑和无能感之下，这种善意的性别歧视又进一步用看似积极的糖衣，掩盖了其隐蔽的性别歧视的本质，增加了女性对性别现状的满意度，从而削弱女性对性别不平等的感知。更进一步，奥克兰大学心理学教授的研究也证实，女性认可善意的性别歧视后，随着时间推移，她们会更愿意接受恶意的性别歧视。

从宏观上来看也是如此，普林斯顿大学学者的研究表明，从不同国家之间比较，在善意的性别歧视更为普遍的国家，恶意的性别歧视更为突出，女性的社会生活地位也更为低下，这种相关性甚至高达 0.9，几乎是完全相关。因此善意的性别歧视掩盖了父权体制的压迫性，是对父权之下边缘化和工具性价值观的肯定和延续，是助纣为虐的帮凶。例如，"女性专用停车位"的存在助长了社会对"女司机"的刻板印象，这引发了一部分女性的声讨。但亦有一部分女性欣然接受这种"照顾"，她们中一部分为家庭主妇，认为可以方便自己在超市大量采购。在日本、印度等设置了"女士专用车厢"的国家，男士和女士对"女性专用车厢"往往持积极评价，而在中国部分设置"女性专用车厢"的城市，男士多表现出支持态度，女士则持强烈反感态度。

"女士优先"作为一种日常用语，同样也会加剧社会偏见。德沃金认为，任何社会中常用的词语，都会在漫长的使用过程中形成相对固定的所指，例如在英国，脱帽对应着尊重，而"女士优先"背后的所指就是绅士风度，与绅士风度挂钩的是女性天然需要被男性照顾的价值观。基于此，当"女士优先"这个语词被大量运用在生活和政治领域中时，人们就难免受到它背后价值观的驯化。美国心理协会 2011 年的研究就指出，纵使一个人不认可"女士优先"这种仁慈的性别歧视，但只要他接触了这一类话语，就会导致对女性个人能力与学术的重视程度的降低。正如福柯所言，语言是有力量的，在当下女性主义运动中，对许多语词的重新审视本身就是重要的命题。在许多西方国家，"Ladies first"早已被扬弃，纵使你想表达类似的含义，也只能说一句没有任何性别影射的"After you"。

四、"女士优先"的未来展望

我国职场中女性的入职率和专技人员中女性的比例靠前，但是性别天生不可逆的差异导致男性和女性获得的薪资和福利之间仍有明显差距。网络平台 BOSS 直聘公布的《2021 中国职场性别薪酬差异报告》显示，2021 年城镇女性平均薪酬水平为男性的 77.1%，比 2020 年提升了 2.5%，与 2016 年的 77% 相近。由此推测，新冠疫情冲击了女性职场权益的提升节奏；在中低薪酬区间的岗位中，中等收入女性劳动者薪酬水平有所提升，在一定程度上缩小了整体薪酬差异，但男性薪酬的水平增幅仍高于女性；"职位"差异依旧是导致职场性别薪酬差异的最主要因素，影响权重占比为 62.4%。同时，行业间的性别壁垒出现松动，但在容纳大量女性劳动者的行业仍然存在女性整体薪酬水平偏低、性别薪酬差异偏高的情况，女性从业者占比超过 60% 的教育培训业、专业服务业、制药医疗业依然是性别薪酬差异最高的三个行业。在教育培训行业，性别薪酬差异度达到 52.7%，较 2020 年拉大近 10 个百分点，居行业首位，而女性占比相对较低的汽车行业和机械制造业，性别薪酬差异则低于 20%。从薪酬水平可以明显看出，在职场中女性和男性并未站在平等的起跑线上。由此可见，中国社会并没有因为传统思想对女性的冲击而加大对女性的关怀，薪酬的不平等这一经济原因加剧了男女在家庭、社会地位上的不平等。

近代中国一方面接受了西方"女士优先"的理念，并将其作为礼仪来实施，但另一方面受传统思想的影响，难以摆脱父权社会遗留下来的道德准则和对女性的衡量标准。即使在现代文明的今天，虽然法律进行了强制规定，但很多用人单位还是会以其他理由或用人的局限性来拒绝女性。这对女性的就业会产生极其不利的影响，从而催生出了新的不平等——女性在就业中难以与男性公平竞争，只能参与某些从属地位的特殊工种工作。造成这一困境的原因，一方面是人文关怀缺失，社会对于女性天然生理特点的关怀不够；另一方面则是"男士优先"传统思想的根深蒂固。男性对女性进行了社会上次要方面的"女士优先"，而相对地，在涉及核心利益时，却没有切实落实"女士优先"原则。

提倡"女士优先"，并不应当只是简单地提倡礼仪上片面的"女士优先"，也应该从经济的角度为女士考量。在存在先天差异的情况下，女性只有在经济生活中得到了真正的优待，才能认为达到了"男女平等"。反之，如果在礼仪上坚持"女士优先"，但实际并未在经济生活中给予女性任何支持，在职场上将女性拒之门外，那么这种简单的、不作思考的"女士优先"原则，实则是一种对女性抱有歧视和偏见的表达。人们将女性真正的核心诉求掩藏在不痛不痒的礼仪背后，女性无法获得两性中地位的提升，只会成为美丽的泡沫，掩盖其蚕食女性权利的本质。只有在经济生活优先之后，再坚持礼仪上的"女士优先"，才可以认为"女性优先"是对女性发自内心的尊重。

■ ....

刘文俊　李子毓　龙媛　李佳荷　路文硕：浙江大学女大学生领导力提升培训班学员。

影视中正向女性形象的缺失、反思与未来

高艺家　刘杨　杨雨荷　袁晓月

2011 年，国产大片《金陵十三钗》上映并引发了广泛关注，其故事改编自真实历史事件，然而电影中一个保护了上千名中国女性的男性角色——神父约翰·米勒的原型本是金陵女子文学院院长魏特琳女士。在大众文化中，以西方男性为主角的电影更能凸显出文化差异和跨文化冲突，从而增加故事的复杂性和吸引力，但这个现状也引发了社会热议：这类在性别上的史实谬误是不是性别差异的一种表现？由此，我们产生了思考：即使在思想有所进步的今天，女性角色在影视剧中是否仍受到不公平待遇？这种不公平的现象虽一直备受关注，但是否一直在被某些理由粉饰？

一、光影中的性别

在影视剧中，女性经常被描绘为感性化的角色，缺乏深度和复杂性，她们的故事线往往与爱情和婚姻有关，与男性角色相比，她们的成长和发展空间更受限制。女性角色经常被赋予刻板印象，被描述为男性角色的附属物，缺乏自己的人生，女性间的友谊也经常因"竞争"和"嫉妒"而不堪一击。这种现象不仅让女性角色失去了她们自己的独立性和复杂性，也让观众对女性角色产生了偏见和不正确的认识：成不了大事、当不了大主角，柔弱、寡

断、缺乏能力。即便时代在进步，女性在影视中被弱化、丑化、黑化的现象依然存在。

当然，在提倡性别平等的今天，我们也看到了一些积极的变化。一些聚焦女性职业背景、关注女性自身成长的"大女主剧"开始出现。这类电视剧往往以女性角色在情感问题上的觉醒、在职业生涯中的突破为核心，宣传女性跳出家庭妇女、母亲等传统身份，展现真实的自我存在的价值观，对传播性别平权思想有着重要意义。在这类影视剧的宣传下，女性地位受到了民众的讨论，女性地位也得到了相应的提升。但这类电视剧也还只是少数，更多的影视剧中仍然存在女性刻板化、污名化的现象。

作为文化传播的重要媒介，影视剧有责任在性别平等方面作出表率。若连影视作品都无法做到男女平等和尊敬女性，那么"追寻男女平等"这场精神层面的战争终将无法胜利。因此，我们需要进一步探讨如何改变女性角色在影视剧中的污名化问题，改变影视剧中对女性的刻板印象；鼓励制片人和编剧创作出更多立体和多元的女性角色；提高观众审美水平，全面理解和认识影视作品中的女性形象。

二、银幕背后的真相

在银幕的光影交错中，我们见证了无数故事的诞生，但在这背后，隐藏着一个不容忽视的现实——女性角色在影视剧中的正向形象常常缺失。这背后的原因错综复杂，既有深植于社会文化土壤中的性别歧视，也有产业运作中的市场需求和商业利益的驱动。

首先是社会文化因素。随着社会的进步，女性的地位和角色发生了变化，但影视剧中女性角色的塑造并未随之改变。过去，女性角色往往被刻画成依赖男性、柔弱的形象，这种刻板印象反映了社会对女性的性别偏见，缺乏多样性和真实性。男权意识认为男性在社会中应该拥有更多的权利和优势，导致了许多女性在形象塑造中受到歧视和不公正的待遇。以《娘道》为代表的热播影视剧为例，其中就存在不少固化、物化、奴化女性的内容，严重误导了受众对女性在家庭和社会中角色和价值的正确判断。《娘道》刻画了被用来祭河的河姑瑛娘的悲情一生，固化女性角色，物化女性价值，认为女人只是传宗接代的工具。该剧的宣传语上说，这是一个平凡女子的传奇经历、一个伟大母亲的英雄史诗。而事实上，整部剧却不断向观众传递着"女性等于生育机器""女人的价值只是生出儿子"等物化女性的价值观。

其次是产业因素。一是性别比例失衡问题。男性在编剧、导演和制片人等职位上占优势，导致女性角色往往被忽视或仅被塑造成辅助角色。例如，在好莱坞电影中，女性角色相对较少的现象引发了广泛关注。像《星球大战》系列电影中女性角色通常只是男性主角的衬托，反映了编剧和导演更偏向关注男性主导的故事情节，忽视了女性角色的重要性。二是市场需求和商业利益。制片方往往认为男性主导的故事更具吸引力，观众更容易接受。某些特定类型的电影和电视剧也更倾向男性主导的故事，如动作片、科幻片等，这种商业考虑导致女性角色数量减少和重要性减弱。例如，《复仇者联盟》中的超级英雄角色大多是男性，而女性角色则相对较少且在剧情中地位较低，表明市场需求和商业利益导致制片方更关注男性主导的故事情节，从而边缘化女性角色。三是公众认知和刻板印象。观众的刻板印象会让其更习惯于男性主导的故事情节和角色，认为男性角色更具吸引力和可塑性。这种观念可能使制片方和创作者更加偏向创作男性角色，导致女性角色的缺失。例如，在电视剧《琅琊榜》中，男性角色的塑造更为复杂和立体，而女性角色则相对较少且通常只是男性主角的附属，反映了公众偏好男性主导故事的观念。

三、正向女性角色缺失的影响

在影视剧中，正向女性角色的缺失是一个值得关注的问题。这种现象不仅限制了女性角色的发展，更会对女性自身以及整个社会产生影响，包括强化性别刻板印象和不平等关系，破坏性别平等和阻碍社会进步。

首先是对女性的不良影响，一是降低了女性的自我认同和自尊。当女性在剧中被描绘为弱者、附庸或是仅仅被当作性别符号时，会强化社会对女性的刻板印象，使女性对自己的能力和价值产生怀疑。例如，在一些电视剧中，女性角色经常被描绘为家庭主妇，她们的自我价值往往与婚姻和家庭挂钩，这种描绘使女性观众很容易陷入对自身角色的局限认知，认为自己的价值主要体现在家庭生活中。这种认知是不健康的，会削弱女性的自我认同和自尊。二是削弱了女性的社会参与权和话语权。当剧中的女性角色缺乏独立性和自主性，或被描绘为缺乏领导能力或专业能力时，会强化社会对女性的职业限制和偏见，女性在各个领域中的参与和取得成就的难度增加，职业发展会受到限制。例如，在一些职场剧中，女性角色往往被描绘为缺乏权威和领导能力，导致观众对女性的职业能力和领导能力产生怀疑，使女性在职场中的晋升和发展更加困难。三是强化了对女性的暴力文化。当剧中女性角色被描绘为软弱可欺、容易受到暴力侵犯的对象时，会强化社会对女性的暴力文化，使女性更容易成为暴力的受害者。例如，在一些警匪剧中，女性角色经常被描绘为容易受到罪犯的侵害，这种暴力文化的强化不仅会对女性造成身体上的伤害，也会对她们的心理和社会地位造成极大的负面影响。

其次是对社会的不良影响。一是加剧了性别刻板印象和不平等关系。如果女性只被塑造成传统的附属品、配角或标签化的形象，观众会认为女性缺乏独立性和个体差异性，只是男性故事的补充。这种刻板印象会强化性别角色的二元对立，限制了女性在现实生活中的自由选择权和发展空间。例如，在某些影视剧中，女性往往被描绘成娇小、柔弱、需要男性保护的形象，这种形象会让观众认为女性只能扮演"弱者"的角色，缺乏独立思考和自我实现的能力，对女性在现实生活中的职业发展、家庭角色和社交活动等方面造成负面影响。二是阻碍社会进步的实现。女性在影视剧中积极、真实和多样化形象的缺乏，会影响观众对性别平等的认知和理解。这种认知偏差可能会影响社会对性别平等问题的关注和解决，进而延缓社会的进步和发展。例如，在某些影视剧中，女性被塑造成传统的"家庭女性"角色，缺乏事业追求和自我实现的机会。这种形象会让观众认为女性的价值只存在于家庭和婚姻，忽视了女性的职业发展和社会角色多元化的重要性，从而阻碍社会对性别平等问题的关注和解决，影响社会的进步和发展。

四、重塑银幕中女性角色的多元策略

影视剧作为一种重要的文化娱乐形式，既反映着社会现实，又塑造着观众的价值观念。我们需要从政策、教育、媒体和公众等多个层面入手，采取有效措施，促使影视行业更公正地呈现女性角色，塑造更丰富、真实的女性形象。

（一）政府政策方面

我国通过政策的保障、文化教育的加强，在性别观念的重塑过程中已经取得了一定成绩。当下影视剧中的女性形象已经呈现出一定的女性意识，但也都没有跳脱出爱情框架的束缚，缺少真正意义上的正面的多元女性形象。

这与我们当下的社会文化语境密切相关——社会上隐形的性别歧视和刻板印象还依然存在。因此，要想提升影视行业的女性意识，就得继续改善社会环境，给予两性相同的职业发展空间，提升女性的社会地位，缩小两性差距。

一是制定明确的性别平等法规，这是推动影视行业变革的第一步。应尽快出台国家层面的影视剧专项法规，将"禁止性别歧视"相关内容纳入其中，这一法规应涵盖从编剧、导演到演员的各个层面，明确规范影视行业中的角色分配和呈现方式，防止女性形象在影视作品中被片面化和边缘化，以确保女性角色得到公正和平等的对待。无论是从全面依法治国，进一步完善我国现有法律体系的角度，还是从加强影视领域规范管理的角度，出台国家层面的影视行业专项法律都是十分必要的。

二是建立性别平等的影视审查机制。为了更有效地执行性别平等法规，应建立独立的性别平等审查机制，负责对影视剧本和制作进行审查，确保女性角色的形象不受刻板印象和性别歧视的影响。瑞典电影业从2000年开始关注性别平等，通过《瑞典电影协定2006》正式确保各项举措的实施，使电影业的性别平等在短短几年内取得了一定成绩。瑞典大胆将贝克德尔测试（Bechdel Test）引入院线。测试的检验标准只有三条：电影中至少出现两个有名字的女性角色，两个女性角色之间有对话，其对话的内容无关男人。凡是通过测试的影片，都会有A认证（A-MÄRKT）的标识：在放映前会插播一段A认证片花、宣传海报上会印有A认证的盖章标识。引入贝克德尔测试不仅带来了影视内容的变化，同时也引发了电影制作对性别平等的关注。一些支持A认证的电影人也从此意识到自己影片中女性的缺失，并表示要加以改进。制片公司为达到A认证以争取尽可能多的观众，也会修改剧本，更换演员。于是，不仅银幕上出现了那些常被遗忘的女性，现实中也有更多女性获得了就业机会，这些国外的优秀事例可为我国建立相似机制提供有益经验。

三是鼓励多样性项目资助。政府可以通过设立专项资金来鼓励制作多样性项目。这些资金不仅可以用于奖励那些成功展现女性角色多样性的影视作品，还可以用于支持女性导演、编剧等从业者的创作，从而激励创作者更加注重塑造具有独立性格、丰富内涵的女性形象。这样的资金支持计划将为影视行业注入更多多元化的元素，推动女性角色在影视作品中的更广泛呈现。

（二）社会教育层面

一是引入性别平等教育课程。为了根本解决女性角色缺失问题，必须从教育入手，提高全社会的性别平等意识。21 世纪以来，我国对学生的性别教育重视程度逐渐提高，越来越多的学者开始注意到性别教育，研究的范围已覆盖性别平等教育、双性化性别教育、性别德育等诸多方面。从实践方面来看，现阶段我国开设性别教育的学校包含了从幼儿园到大学各级别的学校，其中以大学阶段的性别教育种类最多、实践最广、理论和课程开发最全面。国内针对儿童和青少年学生进行性别教育的学校较少，尤其是中小学阶段的学校性别教育实践较为不足，存在性别教育理念混乱、性别教育规范缺失、性别教育内容单一、性别教育的对象未全纳等问题，仍需全社会共同努力，建立一个科学、友善、全纳的性别教育体系。

二是多元化创作人才培养。要改善女性角色受到的不公平待遇，确保影视行业中有足够的女性参与创作，应着重培养多元化创作的女性影视人才。我们并不否认男性也能拥有对女性处境和现状的观照，但相比于男性，女性自身更能觉察自身的困境，拥有对性别现实进行批判的原动力。为了培养更多元化的女性创作人才，建议在大学影视专业中设置性别平等专题课程，加强对女性从业者技术能力的培养。高校要积极组织性别平等论坛和研讨会，促使行业从业者分享经验，帮助创作者们更好地理解和应对女性角色缺失的问题。同时，政府可以提供奖学金和培训项目，鼓励更多女性涉足编剧、导演、制片等创作领域。

（三）媒体和公众层面

正向女性角色的缺失亟待从多方面实施解决措施。作为影视剧的宣传者和观看者，媒体和公众的作用是不可忽视的。

一是媒体作为传播信息的平台，在舆论引导上有着举足轻重的作用，这意味着他们可以通过报道和评论引起社会对此问题的关注。媒体可以报道影视剧中的女性角色比例、角色类型和形象塑造等现象，引起公众对女性角色缺失问题的关注和讨论。同时，作为影视剧的传播方，媒体应当对影视剧中的女性角色进行严格审核。对于隐化女性贡献、混淆公众视野的相关影视应当严加批评；对于污名化、刻板化女性角色的影视应当呼吁公众抵制。在当今互联网时代，媒体对引导观众的价值取向至关重要，媒体人应当承担起监督影视剧中女性角色表达的责任。

二是公众作为影视剧的观众和消费者，可以通过自己观看、选择和评价来影响影视剧的创作。公众对女性角色的需求和期望可以通过观影评价、网络讨论和社交媒体等途径表达出来。如果公众对影视剧中的女性角色缺失问题有强烈的反应和呼声，那么制作方和创作者就会在创作过程中更加注重对女性角色的塑造和呈现。另外，公众自身也应当提高自己的鉴别能力，对影视剧中刻意或无意抹黑女性的行为进行辨别，拒绝偏听偏信，做互联网大流中的清醒者。

五、重塑女性形象的影视之旅

艺术来源于生活，女性在角色塑造中受到不公平待遇的现象时至今日仍隐于影视剧中，无论是以艺术之名对其进行粉饰，将不合时宜的刻板印象生搬硬套于女性形象之上，抑或是牺牲女性形象赚取眼球和利润，皆或多或少地反映出社会生活中女性蒙受不平等对待的真实一面。

首先是社会变革与女性崛起。现实生活中，社会对女性性别角色的期待发生了转变。随着经济的发展、国家政策制度的完善、女性主义的倡导、女权团体的努力，社会对女性性别角色的期待有所改变，逐渐打破了传统男尊女卑的固有观点，给了女性很大程度上的平等的权利和机会，为女性角色在影视剧中的形象转变起到了重要的推动作用。另外，女性自主意识开始崛起，受教育程度不断提高，思想进一步解放。她们有能力进入各行各业，在社会上独当一面，通过自身不懈努力充分实现经济独立，在家庭中拥有更多的话语权。

其次是影视传媒的觉醒。长期以来，影视传媒制作人，由于受到传统文化影响，对于女性形象存在着刻板印象，这些印象往往限制了女性角色的多样性和深度。随着社会观念的变化，影视传媒也在逐渐努力打破刻板成见，影视创作开始呈现出更多元和真实的女性形象。比如从职场菜鸟成为人力资源总监并收获爱情的杜拉拉，还有经受住极其艰难特种兵训练的麻辣女兵们，等等。这些角色展现了女性的独立、能力和魅力。影视创作既来源于现实，又高于现实，女性在社会中的崛起为影视剧塑造女性形象提供了坚实的基础。

最后是培养观众履行社会责任。尽管女性形象在影视剧中逐渐走出了低谷，影视界仍需注重培养观众，履行传媒的社会义务。现在的观众不是通过客观存在的现实环境获取信息、进行决策，而是基于传媒构建的"拟态环境"而产生认识，进而采取行动的。尤其观众很容易把电视剧中的情况当作现实情况来判断，这就需要影视传媒塑造正面的女性形象来影响女性更加自尊自爱，逐步"培养"受众。相比于一味地追求收视率和票房，影视界更应潜移默化地引导观众树立正确的思想，履行传媒应尽的义务，使女性在影视角色中获得应有的平等和尊重。

在这场银幕之旅中，我们见证了女性形象的变迁和崛起。通过社会的努力和影视创作的发展，我们期待一个更加平等和多元的未来。在这个未来中，女性在影视剧中的形象将更加真实、立体和有力，她们的故事将激励和鼓舞每一个人，共同构建一个更加美好的世界。

■ ....

高艺家　刘杨　杨雨荷　袁晓月：浙江大学女大学生领导力提升培训班学员。

广告媒介中女性形象的嬗变

李雨璇　刘存钰　何子睿　陈其圆　余爽

让·鲍德里亚在《消费社会》中提出，社会正在从生产社会向消费社会转变。在消费社会中，最重要的不是物品本身，而是广告这一媒介传达的象征意义。广告的目的是宣传产品，吸引消费者，所传达的象征意义往往是对目标用户具有吸引力的价值观念。

美妆广告和护肤品广告的目标用户是女性消费者，其宣传的价值观念倾向于取悦女性，寻求女性消费者的认同和投入。这两类广告通过塑造理想女性形象，建立商品本身和理想女性形象的联系，让女性消费者产生购买商品即选择某种生活方式、离理想女性形象更近一步的"错觉"。改革开放以来，中国女性精神面貌发生了巨大的改变，投放在中国消费市场的美妆广告和护肤品广告，反映和记录了中国女性形象嬗变的过程。透过上述两类广告，可以观察改革开放以来女性形象及其嬗变的过程。

一、广告中女性形象的类目建构

我们聚焦较为有影响力和知名度的美妆产品、护肤类产品品牌，在全平台进行搜索。从1980年到2020年，以十年为一个时期，在每个时期中选取十个有代表性的视频，要求必须有女性出镜、播放量较高、传播度较好。最终整理出 50 个视频，构建相应的研究类目，归纳各个广告中构建出何种女性形象（见表 1—表 3）。

表 1　女性体貌特征及操作性定义

序号	女性体貌特征	基本定义
1	年龄	1＝0—14 岁（女童）；2＝15—29 岁（年轻女性）；3＝30—44 岁（中青年女性）；4＝45 岁及以上（中老年女性）
2	妆容	1＝全妆（整个面部化妆）；2＝舞台造型妆／浓妆（登台演出化的妆）；3＝素颜（无明显化妆痕迹）；4＝扮丑妆（故意扮丑的妆容）
3	皮肤色调	1＝深色皮肤（如黑黄皮）；2＝中等色皮肤；3＝浅色皮肤（较为白皙）
4	服饰特征	1＝休闲装（在休闲生活中常见穿着）；2＝运动装（运动时穿着，如瑜伽服）；3＝家居服（在家休息时穿搭，如睡衣）；4＝盛装／礼服（用作盛大庄重场合的穿搭）；5＝职业装（如白领、律师职业西装穿搭）；6＝泳装（如比基尼）；7＝其他
5	身体裸露程度	1＝零处裸露（无明显暴露处）；2＝一处裸露（一处裸露，如只裸露肩）；3＝两处裸露；4＝三处裸露；5＝四处及以上裸露
6	身材特征	1＝身材纤细（如锁骨等部位明显等）；2＝身材匀称（身材较为和谐）；3＝丰满（如胸围腰围有型）；4＝肥胖（明显超重或脂肪层过厚）

表 2　女性身份特征及操作性定义

序号	女性身份特征	基本定义
1	职业角色	1＝学生（大、中小学生等）；2＝家庭主妇；3＝职场女性；4＝无强调职业身份
2	家庭角色	1＝强调母亲角色；2＝强调妻子或恋人角色；3＝强调女儿角色；4＝没有强调任何角色；5＝强调其他角色
3	出演人员	1＝知名艺人；2＝素人演员；3＝真实用户

表3　女性情感状态及操作性定义

序号	女性情感状态	基本定义
1	情感变化	1＝全程无情感变化；2＝全程有情感变化
2	表情特征	1＝大笑（明显露齿）；2＝微笑（无露齿）；3＝无辜；4＝搞怪；5＝哭诉；6＝平和，无明显面部表情
3	动作姿态	1＝激动或活跃（如跳跃、挥动手臂等，传递活力与激情）；2＝放松或亲切（如拥抱自己、摆弄头发等，传递放松和亲近感）；3＝自信或坚定（如挺直身体、昂首挺胸，传递自信与决心）；4＝优雅或高贵（如展示手势、脖颈等地方，传递高贵）；5＝局促或不安（如眼神躲避、步伐小心等，传递紧张感和局促感）；6＝其他

同时，我们对样本进行视频画面特征的类目构建，通过五个方面研究女性出现在广告视频中的画面特征：画面展示意图、女性数量、男性数量、男女间关系、女性间关系，类目构建如表4所示。

表4　女性所在画面特征及操作性定义

序号	女性所在画面特征	基本定义
1	画面展示意图	1＝女性为主体（画面的展示是为了突出女性）；2＝女性为陪体（画面的展示是为了突出商品）；3＝女性为参照体（女性的出现是为了突出对比，如突出其他男性角色身份）
2	女性数量	1＝一位女性出镜；2＝两位女性出镜；3＝三位及以上女性出镜
3	男性数量	0＝没有男性出镜；1＝一位男性；2＝两位男性；3＝三位及以上男性出镜
4	男女间关系	1＝爱情关系（如追求者或恋人等）；2＝友谊关系（如好友、合作者等）；3＝家庭关系（如夫妻或父女、母子等）；4＝无强调关系；5＝其他

序号	女性所在画面特征	基本定义
5	女性间关系	1＝竞争关系（如职场、情场上的竞争者）；2＝友谊关系（如是好友、闺蜜等）；3＝家庭关系（如是母女、姐妹关系等）；4＝无强调关系；5＝其他

二、广告中女性形象的数据采集及分析

类目构建好后，我们根据上述四个表格中的定义对所挑选的视频素材进行分类，得到原始数据，并基于 17 个参数，对广告中的女性形象进行了 PCA 分析，通过条状图和词云图来反映美妆广告中女性形象的具体变化趋势。

数据表明，在 20 世纪 80 年代至 21 世纪 20 年代期间，美妆广告中出镜女性的身材特征、家庭角色、职业角色有了显著差异，这可能与女性社会角色变化息息相关。而不同年代广告的画面展示意图、广告中的男女间关系也有了很大的差异，这可能与女性自身的意识觉醒相关。比较原始指标之间的相关性发现，女性的表情特征、服饰特征、动作姿态之间的相关性较强，反映了女性在外在打扮上的变化；而男女间关系和女性间关系的相关性较强，体现了两性之间、同性之间更加新型、对等的关系。

2000—2009 年，广告中女性形象的改变最为快速和明显。这一期间，样品点非常分散，样品间差异性很大，同时对应散点与别的组有较好的区分度，PC1 和 PC2 都呈正相关性。这些数据说明，这一时间段的广告中女性形象组内差异性大，同时与别的时间段广告中的女性形象也有较大差异。可能是因为这段时间改革开放、外来文化的引入导致女性自我意识迅速觉醒，并且和当时的社会产生一定的碰撞，使广告中的女性形象变得更为多元。

广告中的女性的外在形象多元化，表现出自信从容的性格特征。在当代

中国社会转型、消费主义盛行、传统文化重建等多元话语情景下，女性年龄不仅是一个数字，更是一个社会性的焦虑问题，成为女性形象中不可忽略的一部分。结果显示，在化妆品广告中，年轻女性始终占据主体地位，不少广告通过表达年龄符号对女性的压迫，从而宣传该化妆品驻颜、保持年轻的功效。与此同时，广告中青年女性的比例从20世纪80年代的10％上升到21世纪20年代的40％，这在一定程度上反映出广告开始为女性的年龄焦虑发声，社会逐渐正视对女性的这种不公平的年龄限制和"男高女低"的不对等传统观念。

在家庭角色上，我们发现，女性从21世纪初以来被赋予了更多元化的角色可能。她们不再只是母亲、妻子或恋人、女儿，也可能是其他角色。在2019年到2023年的广告中，女性形象更是未被赋予任何角色。这在客观上更贴近现实生活，利于女性在新时代更为顺利地完成自己的角色转换，塑造了更平衡、更符合实际的女性形象。

在肤色上，20世纪的女性形象全都是白皙皮肤，而在21世纪第一个年度则更多地出现了深色皮肤的女性形象。虽然从2010年至今，广告中仍是白皙皮肤的女性占据多数，但也可以看到拥有中等色皮肤的女性占比逐步上升，这也反映了大众审美的多元化和健康化趋势。

在表情特征和动作姿态方面，女性形象是多元化的。21世纪前，女性多以大笑为主，呈现出一种放松亲切或激动活跃的姿态；21世纪后，女性则多以微笑、平和、无辜为主，更多地表现出一种自信坚定、优雅高贵的姿态。这说明女性整体的精神风貌变得更加自信从容，反映出新时代新女性的集体特征。

在男性数量和男女间关系上，男性出镜数量整体呈上升趋势（除2019—2023年）。男女间的关系也从原本的家庭、爱情关系居多转变成无强调关系。这在一定程度上反映了女性社会地位的提高，不再是作为家庭或男性的附属品而存在。

为了更直观地将 50 年来美妆广告中女性形象的差别展示出来，我们将数据整理成了词云图。通过对比 1988—2000 年的词云图和 2000—2023 年的词云图，可以看出"年轻女性"所占的比重在减小，"中青年女性"所占的比重在增加，但依旧以"年轻女性"为主。在 1988—2000 年，"自信坚定"基本上没有在词云图中出现，但是在 2000—2023 年"自信坚定"占比非常大，是迅速增长的一个点。在 1988—2000 年，白皙皮肤占比非常大，而在 2000—2023 年白皙皮肤和中性肤色平分占比，中性肤色占比在增加。在 1988—2000 年基本没有"知名艺人"，但是在 2000—2023 年的词云图中"知名艺人"占比很高。"爱情"和"有情感变化"在 1988—2000 年有较高占比，"无男女关系"和"露肩"在 2000—2023 年有升高的占比。在 1988—2000 年"大笑"情感偏多，在 2020—2023 年"微笑"占比上升。

三、结论与展望

针对 20 世纪 80 年代到 21 世纪这 40 年间的美妆类、护肤类知名广告，基于类目构建，结合条形图、词云图、PCA 以及相关性分析等定量研究方法，我们对广告背后反映的女性形象以及更深层次的社会观念有了进一步认识。

（一）呈现：女性形象的多元变化

中青年女性的比例上升，反映女性的年龄焦虑同时也说明职场、社会逐渐重视公平、去除对女性年龄限制的枷锁，使她们能够更多元化地展现出才华与魅力；家庭角色呈现多元化态势，新时代女性形象不再被定义，而是以多元化的面貌，自由地在生活舞台上切换角色；肤色上，从 20 世纪清一色的"白幼美"到中等肤色女性占比的上升，折射出全球化和社会包容度的提升以及大众审美的多元化、健康化；在表情和姿态方面，由多为"大笑"的放松亲切、激动活跃状态转变到以"微笑""全妆""露肩"的平和，映射出女性自我意识的觉醒和更自信坚定、优雅高贵的内在气质；男女间的关系也从原先"家庭和爱情""有情感变化"占主导演变成无强调关系，体现女性社会地位的提高，更懂得自尊自爱，应为自己而美。

（二）折射：女性形象反映社会、文化和性别观念变化

与现实生活中丰富多彩的女性形象相比，广告中的女性形象显得相对单调，刻板印象与性别歧视仍然存在，这与整体社会背景是密不可分的。这种模式化的女性形象是商业文化崇尚时尚与精致的审美特点所致。年轻漂亮的女性，成为商业文化中唯美性的象征，也被作为商品代言人的首选。基于男性文化意识中的男性视角，在对女性进行认知与表现时，表现出极大的偏差，他们习惯从视觉直感的层面认识女性。在两性关系上，他们把主动地位、支配权留给自己，把被动地位、依附意识赋予女性。当然，我们也看到，近十年的广告中出现了不同以往的"新女性形象"，主要变化体现为开始注重中青年女性塑造、肤色多样、身材多样、穿着日常、不强调家庭角色等，这体现出广告开始关注不同类型的女性形象，社会上也开始鼓励女性做自己、接纳自己，不再局限于传统的性别角色。女性开始以更加多元和真实的面貌出现在广告中，她们的形象不再单一，而是充满了个性和力量。这种变化，是对性别平等的一种倡导，也是对女性自我认同的肯定。

（三）影响：美妆护肤广告如何塑造女性

首先，使女性对自身外貌要求趋于极端。美妆护肤广告通过展现不同场景中的女性外貌，向女性受众传递着女性应该变美、可以变美的观念，随着

美妆护肤品的种类增多，广告中呈现出更多美丽女性形象，驱使更多女性注重自己的外貌。其次，逐渐突破传统女性角色藩篱。传统广告中女性多为母亲、妻子等角色，但随着社会发展程度加深、女性主体意识提高，商家为迎合女性自我认同，开始注重塑造不同角色的女性，从单一的"女性外貌"塑造转变为开始注重"女性力量"的体现，影响着女性受众对自身定位的认识。

（四）启示：如何推动广告对女性的尊重和关注

展示女性丰富的个性心理，特别是女性独立自我的性格特征，理解女性在生活中承担的多重角色，赞扬女性的价值与奉献，是广告唤起女性共鸣的有效途径。在广告中，女性应该与男性享有同等的地位和权利，不再只是男性视角下的附属品。通过由男性视角转化为两性视角，广告可以更全面、更公正地展现女性形象，让她们的美不再受到性别的限制。女性话语是源于女性真实感受的言语表现，通过立足于女性的陈述，女性争取属于自己的话语权，由女性话语权到女性视角再到女性文化的养成，才能最终完成女性独特的形象塑造。无论创意者是男性还是女性，在广告中塑造女性形象都应该遵循这样的思路。只有这样，广告中的女性形象才能更加真实、更加立体，才能直抵女性观众的内心。

■ ....

李雨璇 刘存钰 何子睿 陈其圆 余爽：浙江大学女大学生领导力提升培训班学员。

从文学作品看中国与西方女性意识的差异及缘由

徐晨跃　朱哲萱　李紫茹　林芝帆

　　巴尔扎克在《欧也妮·葛朗台》里说:"不论处境如何,女人的痛苦总比男人多。感受、爱、受苦、牺牲,永远是女人生命中应有的文章。"女性意识是全球的一个共同话题,它是指女性对待客观世界有着自己的衡量标准及价值定义,是激发女性寻求独立、自由的内在动力。女性意识的产生与社会的政治制度、经济基础及思想观念有紧密的联系。中西女性意识有着相同点,但又因为不同的文化和历史背景,觉醒和表现各有不同。

一、中国文学作品中的女性意识

(一)中国古典文学中的女性形象

　　中国古典文学中有很多关于女性的描述。例如,在母系氏族社会时期,女性在生产生活中起到了重要作用。而随着生产力的发展,社会结构也悄然转变,男性在社会生产、家庭生活等方面逐渐处于主导地位,在古代宗族制度中,女性逐渐从社会中心移至边缘,并受制于男权社会的道德规范,直到封建社会后期,女性意识才受到新潮思想的启蒙和封建礼教动摇的影响而得以解放。

在先秦时期，男性占有更多的社会资源，但男女地位并没有达到后世所谓的"男尊女卑"的极端不平等状态。《关雎》中"窈窕淑女，君子好逑"的描绘，正是女性在集市上自由恋爱、与男性平等交往的生动写照，可见当时的女性享有较高的自由度和与男性平等的社会地位。

自汉武帝"罢黜百家"后，儒家学说备受推崇并成为社会主流思想流派，统治者为巩固自身统治而推行的诸多礼教使得女性意识逐渐被压制。

唐朝时期，思想文化开放程度较高，礼教规范相对宽松。女性文学作品以及文学作品中的女性形象也愈发丰富多彩，不仅表达了她们对美好生活的共同追求，更有许多女性主动承担了男性应承担的保家卫国责任，如唐朝四位杰出女性诗人和《虬髯客传》中塑造的红拂。

明清时期，市民阶层的崛起催生了市民意识的蓬勃发展，妇女意识逐渐呈现出新的历史图景。例如，《红楼梦》真正从女性的视角描述了众多鲜活的女性形象，她们不仅拥有独立的思想和才华，还怀揣着美好的梦想和追求：林黛玉像柳絮般才高而灵气十足，薛宝钗举止娴雅且博学多才，王熙凤展现了精明干练的特质，史湘云直爽聪慧，晴雯刚直桀骜……作者对她们出众的才情和个性给予了极高的赞扬和歌颂，她们的悲惨命运"千红一哭，万艳同悲"，也展示了作者对于封建礼教对女性所造成的苦难遭遇的同情。

《红楼梦》中林黛玉的角色成为女性意识觉醒的最佳代表。她关注女性个体的生存权益，摒弃了注重男方才华和女方美貌、一见钟情的模式，将追求爱情的焦点转向强调精神共鸣的全新层次。她追求的是与对方心灵相通、息息相关的真挚情感。她拥有高尚的审美理念和人生原则，是大观园中最具审美特色的女性之一。她并不需要通过顺从和讨好的方式来赢得爱情，而是真正与对方息息相通，成为彼此心灵的知己。她的诗情才华在众姐妹中独领风骚，对女性本质有着清醒的认识。她倡导女性个性的表达，高度重视每个女性个体的生命价值。这种深刻的女性意识不仅影响了她的行为方式，更让我们看到了明清时期女性意识觉醒的曙光，为现代女性追求独立和解放提供了重要的启示。

（二）中国近现代文学中的女性形象

近代是中国社会和文化的重要转折时期。新文化运动（1915—1921 年）挑战了根深蒂固的传统文化，推动现代思想的崛起。在这一浪潮的冲刷下，女性形象开始从依附与从属的地位中挣脱，坚定追求自我、教育与独立。无数女性开始追逐职业梦想，挑战传统性别角色的桎梏。五四运动进一步加强了这种变化，不仅推动了社会的现代化进程，更为女性解放提供了广阔舞台。文学作品中的女性角色更积极参与社会政治生活，展示对传统角色的挑战和新身份的探索。女性作家如丁玲、张爱玲通过独特视角展现女性在复杂社会中的情感和挑战。她们的作品不仅丰富了文学世界，更为女性解放的呼声增添了铿锵有力的声音。

鲁迅作为中国现代文学的奠基人，其作品深刻反映了对封建礼教的批判和对女性问题的关注。在鲁迅笔下，女性形象主要分为三类，呈现出鲜明的多样性，不仅展现了女性在不同历史阶段的真实处境，更深刻反映了女性意识的觉醒与成长。第一类是深受封建礼教压迫的女性，如《明天》中的单四嫂和《祝福》中的祥林嫂，她们承受着封建社会政权、族权、神权和夫权的多重压迫，生活痛苦且无力反抗，代表了麻木和盲目的女性。第二类是初具反抗意识的女性，例如《离婚》中的爱姑和《伤逝》中的子君，她们相对于底层农村妇女有更好的生活条件和一定的反抗意识。爱姑泼辣倔强，敢于挑战夫家；子君开放勇敢，追求爱情。但她们的反抗不彻底，仍受封建思想束缚，无法完全摆脱不幸命运，体现了脆弱的女性意识。第三类是萌生觉醒意识的女性，如《记念刘和珍君》中的刘和珍君，作为五四运动后的女性知识分子，她代表了那个时代新女性的觉醒，展现了女性在民族解放和国家事业中的重要角色。

总之，鲁迅作品中的女性形象展现了近代中国女性的不同意识层次和社会处境，揭示了女性解放的艰难道路和女性意识培育的必要性。这些中国文学作品见证了女性角色的显著变化，反映了社会对女性角色认识的改变，也推动了近现代女性的思想解放，促进了女性社会地位的提升，为研究中国女性意识提供了重要启示和价值。

（三）中国当代文学中的女性角色演变

1949 年后的中国，经历了社会、经济和文化的重大转型。这一背景下，文学领域的女性形象也发生了显著变化。

首先，文学中女性形象变得多元化。随着社会不断开放，文学作品中涌现出丰富多样的女性形象，她们不再被传统角色所束缚，而是勇敢地探索在现代化、城市化浪潮中的新身份与新挑战，包括自我意识、个人追求和情感困境。

其次，新时期女性作家崛起。这一时期，众多女性作家如铁凝、迟子健、王安忆等以独特视角和文学语言，深入挖掘女性的内心世界，反映了社会现实。例如，迟子健深刻描绘了女性的情感世界和社会地位变迁，而王安忆的《长恨歌》通过历史与现代的交织来探讨女性的社会地位和角色。

再者，对女性角色的描绘也不断融入了现代挑战。改革开放后的文学作品中，不少女性角色在职业发展、家庭关系和个人身份探索等现代生活挑战中磨炼、成长，揭示了女性在传统与现代、东方与西方、个人与社会之间的张力和冲突。

最后，文学作品反映了社会变迁。这一时期的女性故事不仅是对个人生活的叙述，更是对经济改革、城市化、全球化等宏观社会现象及其对个人生活影响的反映。

总的来说，改革开放后的中国文学对女性角色的描绘发生了显著变化，不仅反映了女性在社会中的角色面貌，也体现了整个社会和文化的深刻变革。通过这些文学作品，我们能更深入理解现代中国社会中女性的地位、角色以及她们面临的挑战和机遇。

二、西方文学作品中的女性意识

（一）西方经典文学作品中的女性形象——以莎士比亚为例

莎士比亚的作品中有很多不同类型的女性角色，包括皇后、公主、公爵夫人、平民，甚至鸨妇和妓女。在讨论莎士比亚的戏剧作品中的女性角色时，人们的观点各异。有些人认为这些角色体现了智慧、勇敢和人文主义思想，比如《威尼斯商人》中的鲍西亚和《第十二夜》中的薇奥拉。但也有女性主义者认为，这些作品总体上仍然反映了男性主导的社会结构，女性角色往往依附于男性，其命运和选择都受到男性角色的影响。

莎士比亚的作品中，随时间变化，女性形象也呈现出了不同的风格。在其初期创作阶段的作品如《仲夏夜之梦》中，赫米娅充满了理想主义色彩，而后期的作品则出现了更复杂的人性形象，包括悲剧中的恶女角色，如《李尔王》的里根和高纳里尔，反映了社会负面习气和人性的阴暗面。

综合而言，莎士比亚笔下的女性形象具有多元性格、人文主义理想、社会被动性、复杂演变性的特点。其中女性形象的多样性和变化，既受到当时社会文化观念的影响，也反映了莎士比亚对人性的独到见解，这些特点使得莎士比亚的作品成为研究女性意识及社会观念演变的重要文学资料。

（二）现代西方文学作品中的女性形象

现代西方文学作品中的女性形象大致可以分为两类：顺从型和独立自主型。女性的传统形象基本表现出温柔顺从、依附男人、迷失自我等特征，其被男性主导的社会状况所束缚，思想被男权文化所固化，没有意识到精神富足的重要性与必要性，甘愿并且认为自己只能充当"木偶"角色。在弗吉尼亚·伍尔夫的《到灯塔去》中，拉姆齐夫人就是按照男性价值标准塑造的经典女性形象——一位尽职尽责的贤妻良母。她从内心认为女性一定得结婚，热衷于撮合身边的单身男女，把自己困在家庭的小牢笼里，也认为所有人都理应如此。在玛格丽特·阿特伍德的作品《盲刺客》中，阿黛莉娅和爱丽丝等角色虽然各自处境和性格等都有所不同，但她们的自我意识都是封闭的，是盲从社会的。

女性的独立自主型形象试图打破男权文化的禁锢，充当着"叛逆者"的角色，是现代西方文化中更为独特和重要的存在。实际上，现代西方涌现出了一批关注女性发展的著名作家，她们鼓励女性勇敢获取精神和经济上的独立。在弗吉尼亚·伍尔夫的《达洛卫夫人》中，伊丽莎白这一角色就是典型的独立女性形象，她出生于上流社会，却对金银珠宝等不感兴趣，不愿被父母和社会的期待所束缚从而成为传统意义上的女性角色，也不依附于家里的权势和金钱，而是一心想要拥有属于自己的事业，渴望实现经济独立。同样，在玛格丽特·阿特伍德的作品中，也有许多敢于追求自我的女性，如《盲刺客》中的劳拉等。

（三）西方女性形象的演变

一是理想主义到现实主义的转变：在莎士比亚时期，早期作品中的女性形象通常富有理想主义和人文主义色彩，具有智慧、力量和善良美丽的品质。随着社会的变迁和文学的发展，现代文学中的女性形象更加注重真实性，展现了更为复杂和真实的人性，包括负面和矛盾的一面。

二是社会地位的变迁：从莎士比亚时代到现代，女性在社会中的地位发生了巨大的变化。早期作品中，女性形象受制于封建君主制的男性主导社会结构。而在现代，文学作品中的女性形象更加强调独立性和自主性，反映了女性在社会中追求平等和权利的意识。

三是对人性的深刻认识：莎士比亚的作品中，女性形象的多元性格和变化反映了他对人性的独到见解。随着时间的推移，现代文学作品对女性形象进行更加深刻的心理描写，展现了其更为真实和复杂的情感、欲望和挣扎，反映了对人性更深层次的理解。

四是传统与反叛的对立：在现代西方文学中，女性形象分为顺从型和独立自主型两大类。传统形象表现为对男性主导社会的顺从，而独立自主型女性形象则试图打破这种传统束缚，成为现代文学中更为独特和重要的存在。

五是经济独立与自我发展的强调：现代西方文学中的女性形象更加强调经济独立和自我发展。这些女性角色不再满足于传统的家庭角色和婚姻话题，而是渴望在社会和职业领域取得成功，体现了现代女性对自我价值的认识和对女性独立自主的追求。

总体而言，女性形象的演变从理想主义到现实主义，从社会地位的被动到追求平等，以及对人性更深刻的认识，都反映了西方文学作品对社会观念和女性意识的敏锐回应和不断演进。

三、结论

中西差异的根源可以追溯到文化观念和社会结构的不同。中国传统文化中的"家国同构"思想对女性角色产生了深远影响，强调女性在家庭中的角色，集中体现为贤妻良母的家庭人形象，强调勤俭持家、相夫教子的品质。在当代，虽然中国人的家庭观念仍然存在，但随着社会变革和女性意识觉醒，女性在经济、社会中的地位显著提升。然而，性别不平等问题仍然存在，特别是在职场等领域。

西方的女性解放运动带来了法律、政治、社会观念等多方面的变革，为女性创造了更广泛的发展空间，推动了社会的整体进步。在这种文化视域中，西方文化中的女性解放运动涵盖了选举权、职业机会、教育和家庭权利等议题，目标是实现女性在社会、政治和经济领域的平等权利。女性解放运动历经三个阶段，从争取选举权到关注职业机会不平等，再到强调文化多元性和包容性，体现了对性别平等和个体权利的认知。当然，虽然西方在性别平等法律与政策上取得了较大进步，但也仍需不断努力以实现更加公平和包容的社会。

综合而言，比较中国和西方文化中的女性角色，可以从家庭观念、社会角色、法律和政策等方面看到差异。分析这些文化背景如何影响女性形象的塑造和女性意识的发展，可以帮助我们更深入地理解女性角色在不同文化中的演变，以及这些演变背后的社会、历史和文化因素。在未来的发展中，应当继续促进性别平等，为女性创造更为平等和自由的社会环境。

■···

徐晨跃 朱哲萱 李紫茹 林芝帆：浙江大学女大学生领导力提升培训班学员。

女为悦己者容？

郭俊宏　倪美琪　陈思思　周天翔　俞维妙

随着人们对良好自我形象需求的不断增加，"颜值经济"得到了快速发展，医美、美妆等产业规模不断扩大。与此同时，"容貌焦虑"也成为各个大众媒体平台广泛讨论的话题，对于"美"的讨论和追求逐渐成为日常生活中的常见议题。然而，在大学生群体中，容貌焦虑越来越普遍，这与他们的审美认知、商业营销的影响以及"颜值即正义"亚文化的泛化有关。此外，性别也被认为是影响大学生容貌焦虑的一个重要因素。女性群体受现代审美的制约程度往往比男性更深。2021年，中青校媒就容貌焦虑话题面向全国2063名高校学生进行调查。结果显示，有59.67%女生存在容貌焦虑，明显高于男生的37.14%。

我们以Z大学的学生作为调研对象，通过问卷调查，深入了解女大学生对于外在容貌的重视程度、内在美与外在美的认知现状以及对于"美"这一抽象概念的定义。通过探讨在"颜值经济"的背景下，女大学生美妆的意愿、原因、频率以及化妆带来的获得感等信息，刻画女大学生妆容与审美认知的基本画像，希望为女大学生解决容貌焦虑提供破解思路和建议。

一、"女大学生容貌妆容与审美认知"的调研

本次问卷调查共涉及 158 名女大学生，专业领域包括人文、社科、理工农医等。

（一）对"容貌焦虑"的调研

对自身容貌的认知。调研显示，约 60% 的女生认为容貌比较重要，且不同的专业呈现不同的趋势。具体而言，人文社科类和工科类专业的女生相比于理科类、医学类和农学类专业的女生更加认可容貌的重要性。在对自身容貌认知方面，受访者对自己容貌的打分呈现出正态分布的趋势，即多数容貌打分集中于 5—8 分（总分 10 分），接近 80%，较少的人给自己打 1—2 分或 9—10 分。由此可见，极端的容貌自卑和容貌自信都相对较少，大多数受访者对自己的容貌具有较为清晰的认知，可以做到悦纳自己。

对"容貌焦虑"的认知。调研显示，55.5% 的受访者了解"容貌焦虑"等概念，但仍有 44.5% 的人群不太了解"容貌焦虑"等话题。此外，77.17% 的受访者赞同容貌焦虑等话题是倾向于女性的观点，这也表明了女性更关注自身的审美认知，更容易受到外界对于审美认知评价的影响。在造成"容貌焦虑"原因方面，过于在意他人评价占 91.8%，受大众审美影响占 87.98%，自卑情绪占 73.22%，社会不良舆论造势占 69.95%。

改变容貌意愿及方式的认知。在改变容貌意愿方面，选择"是"和"否"的受访者比例近似，各为 50%。其中，理科类和社科类专业的女生在改变容貌方面的意愿更为强烈。在想要改变容貌的受访者中，74.44% 的人是以取悦自己为主要目的。由此可见，受访女性在容貌方面的自我意识正在初步觉醒。

在改变容貌意愿方面，化妆、运动健身与修图被受访者认为是改变容貌的主要方式，这些方式相较于医美手术较易实现，且具有一定的可逆性。这也表明容貌焦虑在受访者中的确存在，但未达到需要依靠整容和医美手术来改变的程度。

对于没有意愿改变容貌的受调研者，66.67％的受访者认为个人具有独特性，没有必要改变，这也表明，女性意识到自己的独特性，这是悦纳自己、缓解容貌焦虑的体现。另外，27.78％的受访者认为外在容貌不能带来长久收获，内在才是最重要的。

（二）对妆容的调研

化妆频率与耗时、经济支出的关系。调查发现，受访者中60％偶尔化妆，30％从不化妆，10％总是化妆。不化妆的比例在不同年龄段呈现先下降后上升的趋势，即低年级本科生及博士研究生不化妆的比例较其余年龄段（高年级本科生和硕士研究生）更高，这可能是因为低年级本科生刚进入大学，对妆容和容貌的认知还不深，博士研究生的重心在学术科研因此较少顾及妆容方面。

调研也显示，化妆品的支出和耗时与化妆频率存在正相关。总是化妆的受访者在化妆和容貌改变上投入更多时间和金钱，这反映出一定的容貌焦虑。过度关注化妆可能减少个体在其他方面的自我提升投入，因此，缓解容貌焦虑、建立更健康的审美观是需要的。

化妆者对于化妆的看法。对于总是化妆的受访者而言，多数人认为化妆能够愉悦身心，尊重他人和表现自我，既肯定了化妆的社会效益，同时开始思考化妆与自我的关系。73.53％的受访者认为，化妆是为了展现自己，增加自信；62.75％的受访者认为，化妆是出于尊重别人；50％的受访者认为，化妆可以提升气色，享受自己变美的过程。由此可见，从化妆中获得的自我满足感并非出于社会压力。

不化妆的缘由及其对化妆的看法。调研显示，女大学生不化妆的主要原因包括不喜欢、无意愿、缺乏时间和经济条件。58％的女生暂无化妆意愿，更愿意用时间休息和提升内在素质；约42％的不化妆者表示有化妆意愿，但受到技术和时间成本等因素的制约；20％的人认为自然美更可贵，认为化妆过于麻烦且不必要。此外，女生对于化妆的态度也与专业有关。例如，理科类的学生认为更喜欢自然美，医学类、农学类、工学类的学生更想把化妆时间用来休息，人文社科类的学生更愿意将化妆时间用于提升自我素养。

关于女大学生变美途径的探究。根据调查结果，有85％女大学生认可通过自律的生活方式，如健身、身材管理来完善自己；67.28％的学生认为要多提升自己的内在，加强读书，学习更多技能。同时，她们也很注重提升化妆技能、服装穿搭、美容和皮肤管理等外在美，占比92％。只有很少部分学生（5.56％）认为要通过医美、整形等方式让自己变美。

在年龄分布上，也有较为明显的区别。博士生更多选择拓宽社交圈，以自律的生活方式提升自己；研究生较多选择提升化妆技术和适当的美容和皮肤管理；本科生中，相比低年级本科生，高年级本科生也更愿意拓宽社交圈，选择健康的生活方式。

（三）小结

传统的男耕女织的社会结构已经一去不复返，多样化和个性化的追求使得女性拥有了更多话语权与自主度，女性群体的身份也逐渐走向多元化。研究表明，女性比男性更容易出现容貌焦虑问题。

现代美妆行业的发展使得化妆行为走向普遍化和大众化。从社会层面看，女大学生化妆行为是多重社会力量作用的结果。在调查中，尽管人们都普遍注重"内在美"，但化妆对第一印象仍存在重要影响。虽然第一印象不总是准确的，但却是最持久的印象之一，可能会影响未来双方交往的进程。因此，半数以上受访女大学生会选择化妆来改变、提升自己的容貌。

选择化妆并不是女大学生被动接受的结果，更多的是基于自我意识与理性思考的主观判断。参与调研的女性中，有 76.54％肯定了容貌的重要性，近 74.07％的女生给自身容貌的打分在 5 分以上（10 分为满分）。超过半数的女生认为化妆的用途更多是"增加自信""尊重他人""提升气色""享受自己变美的过程"。不同于传统社会中"女为悦己者容"的化妆目的，现代女性化妆更多是为了追求美，展现自我，而不是为了取悦他人。

"理性"是女生们应对容貌焦虑的首要状态。超过 95％的女生表示不会选择过度减肥、整容等方式来改善焦虑，相反，她们更关注提升化妆技术，采取适当美容以及自律的生活方式等来提升外在美。此外，大多数调研者重视内在美的提升。约有 34％的受访者表示将拓宽自己的社交圈，67.28％的受访者表示将学习更多技能以提升自己。

余秋雨在《教你化妆：杨青青结构化妆术》这本书的序言中写道："人类对于自身美，需要有一次再发现、再创造。这往往也是一个民族走向富裕和文明的重要标志……我们为何不堂堂正正地来探索一下，如何把当代中国人打扮得更漂亮一点？"

二、女性如何建立正确的审美认知

（一）内外兼修成就多元美

悦纳自我，成就人格美。勇于悦纳自我，是走向美的第一步。积极自信、乐观开朗的人格能够帮助当代女大学生与自己和解。一方面，正确认识自我，在理性审视的基础上承认自身的不完美，认可自我，并以实际行动成就自己；另一方面，正确对待妆容与容貌，以平和的心态接受自己，以积极向上、奋发有为的姿态开启独特的变美之路。

沉淀自我，成就能力美。把握内在美与外在美的平衡，需要沉淀自我，在磨砺中锤炼本领，以过硬的能力获得尊重与认可。当代女大学生风华正茂，正处于吸收科学文化知识、在实践中锻炼成才的黄金期。优雅大方的妆容可以为她们赢得更多的机会。因此，化妆能力也成为一个非必须但有利的加分项。女生们应找到自己的核心定位与价值定位，选择自己需要着重提升的核心竞争力，在沉淀自我的过程中平衡外在美与内在美，打造自己的专属名片。

提升自我，成就素养美。美不仅体现在妆容中，更体现在一个人的举止谈吐中。如果说能力是硬核通货，如猛虎咆哮；那么素养就是温和的积淀，如微风拂面。当代女大学生应当通过阅读和阅历积累提升内在素养，以"一蓑烟雨任平生"的从容淡定和"腹有诗书气自华"的自信平和迎接未来旅途中的机遇与挑战，让美不仅停留在脑海中，更扎根于心中，在一点一滴的自我提升中，成就不可复制的素养美。

（二）各界合力缓解容貌焦虑

营造良好的社会舆论环境。美兼具多样性与统一性。每个人有独特的审美标准，社会上也存在共识性的审美标准。缓解女性容貌焦虑，增强女性自信，助力女大学生内外兼修，需要良好的社会舆论引导。政府、媒体、企业、学校和家庭等社会各界力量应营造科学、理性和正确的审美舆论环境，助力女大学生健康成长。

建立系统的社会引导机制。女大学生面对容貌焦虑时往往难以自行调节，缺乏系统、理性的审美理念。因此，主流媒体应积极承担社会责任，不过分吹捧"颜值"，更多地宣传具有正能量的人物，引导女大学生在关注外在美的同时更注重内在美；同时，将健康和科学的审美标准融入教育和生活中，在潜移默化中产生良性影响；此外，应完善相关政策，采取多种措施保障女性不因容貌差异在就业或生活中受到歧视，以实际行动引领科学理性的社会审美风尚。

建立完善的行业监管体系。医美手术是女大学生缓解容貌焦虑的途径之一，但医美行业乱象频出，顾客合法权益难以得到保障。为避免女大学生在容貌焦虑的基础上再"挨一刀"，社会相关部门应该加强对医美行业的监管，加大处罚力度，助力女大学生的变美之旅。

发现美、感知美、成就美的过程也是探索自我、认识自我和成就自我的过程。在社会经济快速发展的当下，女性在社会中的影响力越来越不可忽视，女性对审美的觉醒也将带动女性综合素质的提升。相信女生们将会在追逐美的路上成就自我、奉献社会，助力建设更加和谐、包容和平等的现代社会。

郭俊宏　倪美琪　陈思思　周天翔　俞维妙：浙江大学女大学生领导力提升培训班学员。

"她经济"趋势下女性主义品牌营销与消费者心理

邓悦洁　詹璇　魏雅云　韩彩琼　项双辰

"她经济"是指"女性经济",有别于一般的实物经济或实体经济,也有别于虚拟经济,其实质是一种新型的人群经济形态,具有独特的本质特征。"她经济"这一概念最早由经济学家史清琪提出,由于现代女性不断提高独立能力与自主消费能力,成为消费市场的重要角色,进而形成的围绕女性消费、理财等特有的经济现象与经济市场。

时代的进步发展、女性受教育程度的提升、女性薪酬的升高、平均初婚年龄延后以及女性自我独立的思想观念,都为"她经济"逐渐成为市场消费主力提供了可能。埃森哲数据显示,我国拥有近4亿年龄在20—60岁的女性消费者,每年掌控着高达10万亿元的消费支出。由此可见,女性群体消费支配的份额日益提高,女性消费规模巨大。与此同时,女性消费者也展现出情感化、个性化等新消费趋势。

基于"她经济"的重要概念,不少女性主义品牌精准把握这一消费新趋势,提升女性用户满意度。同时,关注女性消费者的心理,对于女性主义品牌营销策略的升级,也有针对性和实用性。

一、女性主义品牌营销的现状和特点

（一）什么是女性主义品牌

近年来，随着女性主义思潮的兴起，不少品牌纷纷在其营销策略中融入女性主义元素。在2020年秋冬季知名米兰时装周上，女性主义成为各大品牌竞相展现的焦点，通过表达"力量"和"权力"构建出独立、自由的新时代女性形象。例如，普拉达（Prada）秋冬季时装通过硬朗廓形、复古单品、透明薄纱和鲜明色彩等特点，塑造出女性的飒爽和洒脱气质。这些品牌不仅吸引了女性消费者的目光，更在无形中引领了女性主义的新潮流。女性主义品牌是指在其产品、服务、营销策略和企业文化中积极倡导和支持性别平等、女性权益和女性自主的品牌。这些品牌通常以促进女性赋权、鼓励女性自信和自我实现为使命，并在业务运营中践行这些理念。

识别女性主义品牌，可以关注以下几个方面：一是价值观和使命，女性主义品牌通常在其价值观和使命宣言中明确表达支持女性权益、性别平等和赋权的承诺。这些品牌会积极倡导女性参与、表达和实现自我。二是产品和服务，这些品牌的产品和服务往往包括满足女性需求、增强女性自信、促进女性健康或强调女性经济独立。三是广告和营销，女性主义品牌通常在其广告和营销活动中传达鼓励女性自由表达、打破性别定型和推动性别平等的信息。四是企业文化，倡导性别平等的女性主义品牌往往在企业文化中营造支持女性员工发展、提倡工作平等和消除性别歧视的环境，包括平等的薪酬政策、晋升机会和工作条件。五是社会责任，积极参与社会责任项目，支持女性权益组织，倡导性别平等的政策和社会变革。

值得注意的是，市场上存在着一些所谓"女性主义"品牌，它们在营销中可能利用对女性的刻板印象来绑架消费者，加剧性别歧视和矛盾冲突。因此，在评估一个品牌是不是真正的女性主义品牌时，需要综合考虑其价值观、产品、营销、企业文化和社会参与等多个方面的表现，而非仅凭单一因素做出判断。

（二）女性主义品牌营销的策略与手法

女性主义品牌营销的成功关键在于真实性、包容性和对女性的理解与支持。以下是一些常见的女性主义品牌营销策略和手法。

一是真实性和一致性，品牌必须确保其女性主义的立场和宣言是真实的，与其产品、服务以及内部文化保持一致。二是强调女性自主性和多样性，品牌可以通过强调女性的自主权利、多样性和不同体验来促进包容性，通过展示不同年龄、种族、体型、性取向和职业的女性来传递多元化信息，引发女性消费者的共鸣。三是教育和意识提升，品牌可以通过教育性的营销活动来提升对性别平等问题的认识，包括通过产品及其背后的寓意、设计灵感来源、故事来分享女性的历史、挑战和成就，从而引起社会对这些问题更深层次的关注。四是社会责任和支持，积极参与社会责任项目，支持女性权益组织，甚至捐款给相关慈善机构，这可以在消费者中树立品牌的社会责任形象。五是以实际行动支持女性，品牌不仅要口头上支持女性主义，还要通过实际行动来证明其承诺，例如在雇佣实践中推动性别平等、提供平等的晋升机会等。六是代言人选择，选择与品牌价值观一致的女性代言人可以加强品牌的女性主义形象。七是借助社交媒体力量，利用社交媒体平台传播品牌的女性主义信息，通过分享故事、使用相关标签和参与有关性别平等的讨论，积极与受众互动。八是产品设计和营销策略，针对女性需求的产品设计和巧妙的营销策略也是推动女性主义品牌的重要手段。

总体而言，女性主义品牌营销需要更多的深刻的思考和真实的承诺，肯定女性的力量与价值，让她们感受到自己被尊重。成功的女性主义品牌是那些在产品、文化和市场活动中都能展现出对性别平等坚定承诺、对女性正向赋权有力支持的品牌，只有真正从女性的角度出发，发扬匠心精神，切实考虑女性消费者生理心理需求，才能被称为女性主义品牌。

（三）女性主义品牌营销的成功案例分析

以内衣类产品为例，国内内衣品牌选用的设计元素注重表达女性的温柔、独立和力量，而非仅仅突出性感。以温和的色调、简洁的线条和实用的设计元素为主，给人以舒适自然之感，除了传统定义的"温婉""柔美"，更展现了当代中国女性独立、自主的特质。

在内衣包装设计中，色彩不仅直接影响产品的外观感觉，也是品牌价值和产品特性传达的重要方式。国内女性内衣品牌在色彩选择上更偏向温暖而柔和的色彩，贴近中国女性的审美情趣和情感需求，独特诠释当代中国女性主义"温柔力量"。如巴黎欧莱雅 × 内外（NEIWAI）"本色盒"在设计中使用大面积裸色，以手绘形式用简单的线条勾勒出女性上半身轮廓，展现产品的舒适。

国内女性内衣品牌的包装设计图案中常常出现中国传统文化元素，既展现了中国女性的文化自信，也为女性消费者提供了独特的购买体验。例如，内衣品牌包装中以花朵为代表的自然元素。花朵在中国传统文化中具有丰富的象征意义，是美丽与生机的象征，将这些元素用于内衣包装设计中，不仅能传达出女性的优雅和生命力，还能唤起消费者对美好生活的向往和追求。

以多芬（Dove）等美容产品为例，其"真实美丽"运动强调每个女性都是独特美丽的，超越了传统美丽的标准。品牌推崇真实的体型、年龄和肤色，通过广告和社交媒体传递积极的身体形象信息，以真实性和包容性为特色，成功地传递了对"美丽"的多样性和女性自信的支持。多芬的广告设计不仅仅是产品的宣传，更是对女性在社会中的角色的积极表达。

2014 年，宝洁旗下卫生巾品牌护舒宝（Always）推出的"Like A Girl"视频获得了超过 2000 万的点击量。视频让人们意识到，"像个女孩一样"的评价是一种带偏见或戏谑的侮辱，甚至会严重打击青春期女孩的自信心。在 2015 年，Always 推出了该系列第二波视频，对"我们可以改写潜规则"进行了实践，邀请世界各地的女孩拍摄一段她们正在进行的运动，并自信地宣告：像个女孩一样攀岩，像个女孩一样打网球，像个女孩一样算数，像个女孩一样投篮得分，像个女孩一样骑马……数以百万计的女孩向世人展现她们作为女孩的真正姿态：是的，我们就是女孩，所以我们像个女孩一样去行动！在 Always 的鼓励下，她们重新定义了"像个女孩一样"：不是一种软弱或扭捏的姿态，而是代表一种进击的奋斗，一种坚韧的精神，一种勇敢的挑战，一种积极的态度。从第一波视频的精准洞察到第二波视频的互动营销，Always 这个系列的广告"战役"不仅在延续性上保持紧密的关联度，在话题性传播和线上线下结合方面也是一个非常值得借鉴的优秀案例。

二、"她经济"趋势下的消费者心理研究

（一）"她经济"女性消费群体特质

女性消费群体在"她经济"背景下展现出多维的消费心理。时尚心理在消费活动中表现得尤为突出，女性在购物时追求的目标是通过消费既保持自

然美，又能够增添修饰之美。这种心理驱使她们注重商品的包装、外观设计、色彩和艺术美感，强调商品对个体美化、环境装饰以及精神陶冶的作用。时尚与美相互交融，形成了一种紧密的关联。另一种是求实心理，具体表现在购物决策时进行理性的利弊权衡，力求取得平衡。在购买商品之前，女性往往会对所需物品的性能、用途和质量标准有清晰的要求，避免盲目购物。购物时，她们认真、仔细，追求完美，尤其关注商品的实际需求满足程度，重视性价比和耐用性。

此外，还有一部分女性展现出新奇心理。她们追求商品的流行趋势和独特性，敢于挑战传统消费观念，追求个性化和差异化的消费体验。这种心理使得女性更加注重商品的品牌、款式和流行元素，较少考虑商品的实用性和价格。

随着女性受教育程度和收入水平的提高，女性的消费水平、消费诉求和消费态度正在潜移默化地逐渐走出老旧的购买模式，即典型以家庭生活必需品为中心的消费模式。如今女性们把"爱自己"放入重要的价值排序，关注"对自己投资""为自己而活"，悦己型消费理念不断提升。数据显示，女性在消费中呈现出诸如"力量型""科技型"和"智慧型"等多元化新形象。

成长型消费需求增长。在 2021 年的图书消费上，图书销量中女性读者的购买量为 52%，尤其是个人提升类书籍增长明显，反映出女性积极拥抱生活、提升自我能力，实现自我价值的诉求。"她阅读"：2022 年，女性消费者在图书、教育培训等品类上的支出迅速提升，购书人次和金额也都大幅增加，显示了女性消费者更加重视丰富个人精神世界。尤其在历史、国学、文化和财经管理类图书方面，呈现超过一倍的增长。在总消费金额方面，除了童书和教辅以外，小说、管理、历史等类型的图书更受到女性消费者的青睐。这一趋势表明女性群体在消费选择上更加注重知识的积累和个人兴趣的拓展。

科技型消费需求突出。数据显示，2022 年女性购买的智能家居产品数量同比增长实现翻倍，购买的婴儿调奶器、智能看护灯等产品数量也实现成倍增长。显而易见，智能家居能够使女性们解放双手。与此同时，这些"黑科技"让育儿更省心，当代女性不再把"家庭还是职场"视为单选题，通过科技的力量让她们找到了更轻松、高效的生活方式，省下更多时间留给自身价值发展。

个性化消费需求同样不容忽视。越来越多女性成为家庭消费的决策者，她们的每一项抉择不仅影响家庭的生活质量、健康状况和幸福指数，也对产品研发方向和经济结构产生了深远影响。家庭消费和悦己消费的边界逐渐模糊，具有双重属性的产品更受青睐。

（二）女性消费者的消费心理与行为分析

随着女性觉醒与反抗的不断深化，更多女性走向独立，拥有更广泛的话语权。学者戴锦华呼吁，我们应该从女性的生命经验中寻找力量，认识到女性不仅是丰满、幸福、充满情感和感性力量的，同时也是理性、批判、遭受挫折和被压抑的多元存在。随着互联网时代的到来，媒体的迅速发展为女性提供了发声的平台，她们开始进行自我表达和书写，逐渐变得更为可见。

国家统计局数据显示，2023 年 4 月社会消费品零售总额接近 3.5 万亿元，同比增长 18.4%。其中，以女性为主的商品零售额，如限额以上金银珠宝、服装、鞋帽、针纺织品，化妆品等，分别增长了 44.7%、32.4%、24.3%。携程的数据显示，五一假期女性订单量比男性多出 110%，在出境航班订单中女性的占比更是高达 56%。

研究报告认为，目前有三大因素加速了女性消费基本盘规模的扩大，同时也促进了社会总体消费支出的边际增长：一是女性的收入逐步提高；二是受过高等教育的女性人口不断增加，她们对高品质消费的倾向也在逐步增长；三是女性初婚年龄延后，单身女性的消费周期得以延长。正是女性在收入、教育和家庭关系等方面的变化，为女性群体在消费领域创造了更多的可能性和想象空间。

"她运动"：近年来，运动市场迎来了井喷式的爆发，女性作为消费主体迅速崛起。数据显示，户外活动、健身、骑行、游泳、瑜伽、轮滑等运动项目成为女性消费者最喜欢的选择，她们在这些项目上的支出占据了总消费额的 89%。

"她成长"：2022 年，女性消费者在教育培训方面的支出较 2021 年增长了近三成，其中职业技能培训、考证培训和学历教育培训的支出增长最为显著。在线教育的快速发展使得专业培训和辅导的获取更加便捷，为个人提升提供了更丰富的途径。这一趋势表明女性消费者对于职业发展和学历提升的重视程度不断增加，同时也反映了在线教育在满足学习需求方面的日益受欢迎。

（三）影响女性消费者购买的决策因素

消费内容是零售商业持续快速迭代的基本逻辑。女性消费者不仅表现出多元化、个性化，而且具有持续迭代和响应迅速的特征，涵盖了衣食住行游购娱等各个领域。女性消费者在这些领域是主力军，并通过消费内容与零售业态的迭代发展，形成相互促进的关系。基于女性消费的外在和内在的属性，《女性消费力洞察报告》提出了"品牌＋国货""智能＋科技""精细＋

功能""绿色＋健康""个性＋定制""情感＋性别"六大趋势特征。

消费场景对消费行为产生决定性影响。现代女性消费者倾向于追求具有舒适、温馨、宁静、治愈等放松感的消费场景，如露营、围炉煮茶等。随着场景的变化，女性消费者的心态和偏好发生了变化，对氛围感的追求日益增加。因此，创造符合当下审美价值的氛围场景，为消费者提供新的沉浸式体验，是品牌方需要深入挖掘和运营的方向。情感价值满足女性消费者内在需求，以科技打破时空限制，创造多元场景体验。

情感链接具有极大的消费潜力。女性情绪经济是一个有潜力的市场，它涵盖了与女性情绪、情感和心理健康相关的产品和服务。随着社会对女性权益和福祉的关注不断增加，女性情绪经济的发展前景变得更加广阔。针对女性的心理健康的产品和服务，如心理咨询、放松疗法等，或是专门为女性设计的情感支持和社交平台，以及针对女性创业者和职业发展者的培训，使得女性从妻子、母亲等角色中跳出来，也开始关注社会关系之外、自身情绪价值的满足。

三、女性主义品牌对消费者心理的影响

（一）产生认同感和归属感

在女性主义品牌出现之前，女性在父权社会背景下长期处于一种矛盾和被挤压的状态。她们在迎合传统女性角色与追求自我表达之间徘徊，这种矛盾导致了许多女性内心的挣扎和不安。如果选择接受父权社会认定的"女人"标准，将逐渐丧失自我，成为迎合男性凝视的客体，这标志着男权社会的意识形态已经逐渐内化成女性的生活方式和价值观念。但是如果拒绝这套评价

体系，女性则面临着社会的边缘化对待，甚至会遭受不同程度的羞辱。

然而，女性主义品牌的出现为女性提供了一个独特的视角和平台，它们倡导女性以自己的方式展现个性和魅力，强调每个女性都应该有权利自主选择自己的生活方式和消费品；倡导女性的力量和价值，强调女性不应受到性别歧视和压迫，让消费者感到她们是被尊重和重视的一部分；倡导多样化的美丽标准，鼓励女性接受自己的身体和外貌，反对刻意追求完美的观念，等等。

因此，当女性消费者从女性主义品牌中找到共鸣时，她们会产生强烈的认同感和归属感，从而提高购买欲望。

（二）建立持久的品牌忠诚度

女性主义品牌通过故事表达和情感呼应，树立起良好的女性形象，建立起与消费者之间的紧密联系。一方面，女性主义品牌往往注重产品质量、设计和服务，为女性消费者提供独特的购物体验，使消费者对品牌的价值观念产生认同和共鸣，从而影响其购买行为；另一方面，女性主义品牌关注女性需求和权益，提供具有针对性的产品和服务。这些品牌迎合女性消费的动机，通过满足女性消费者的需求，强调女性力量，使她们感觉自己与品牌所代表的女性主义理念有共通之处。情感消费从原来单向走向了强链接的共情消费，消费者对于品牌的忠诚度愈发持久。

（三）消费者心理对女性主义品牌营销的反馈和影响

女性不仅是品牌价值理念的接受者，同时也是塑造者。女性主义品牌的营销聚焦女性力量、价值和自主性，倡导女性摆脱性别歧视和压迫。这种营销方式能够极大提高消费者的自尊与自信，从而激起其购物欲望。此外，女性主义品牌的宣传能唤起消费者的社会责任感与行动动机，更多地参与性别平等议题，通过购买品牌产品，支持品牌活动，参与相关社会行动，推动社会的进步与发展。

女性主义品牌的价值观念会引发消费者对女性权益问题的关注，这在无形之中促使女性主义品牌调整、更新自己产品所对应的价值观，使自己的理念和产品经得起大众的审视。在消费者的检验和审视下，单一的定义、空洞的口号和虚假的宣传终究会被淘汰，确保传递的信息既能够传达品牌的立场，又不会在女性主义议题上显得刻意炒作或过于商业化。从内部文化到对外公关，品牌都需要符合女性主义的理念。

当然，过分强调某一价值理念也会使消费者产生审美疲劳和心理抵触。品牌需要不断创新理念，灵活调整营销策略，以适应女性消费者的心理变化和需求，确保所传递的信息既具有深度，又充满新鲜感，从而赢得消费者的持续支持与信赖。

四、对未来女性主义品牌营销的建议和展望

（一）深入消费者心理的营销策略

女性主义品牌，映射出当代女性的独立与追求。品牌应该将其核心价值观——平等、尊重、自由、多元化，贯穿于品牌的产品设计、服务体验和市场沟通的每一个环节。了解并引领消费者是关键，品牌需深入洞察女性的内心世界，包括其年龄、性别、职业、收入水平、生活方式、消费观念等。在此基础上精准定位，保持品牌的独特性和竞争力，塑造独特的视觉形象和品牌故事。

女性主义品牌应充分利用社交媒体平台，与女性消费者进行深度互动。通过与意见领袖、知名博主合作，发布有价值、有深度的内容，引发女性消费者思考，传递正能量。积极与消费者互动，通过举办线上线下活动、征集消费者意见等方式，提高消费者参与度和忠诚度，如广告、置顶、话题标签等，让品牌成为她们生活中的一部分。

（二）女性主义品牌营销的未来趋势

品牌文化的深度建设。未来，女性主义品牌将更加注重文化的塑造和传承，品牌将不仅是一个商业实体，更是一个文化符号，传递着女性主义的核心价值观。在产品设计、宣传推广、客服服务等方面，品牌将全面融入女性主义理念，为消费者带来更加深入的品牌体验。

品质与服务的提升。女性主义品牌在产品设计、制造和品质控制等方面严格把关，确保提供高质量的产品。提供优质的售前、售中和售后服务，关注消费者需求，及时回应消费者的问题和疑虑。通过优质的产品和服务、会员制度、线上线下活动等，增加消费者对品牌的认同度和忠诚度。

女性自我价值的实现。通过品牌故事、代言人选择、线上线下活动等，展现具有独立、自信、勇敢等特质的女性形象，激发女性消费者的潜能，鼓励她们在面对生活和工作挑战时，更加坚定地追求自我价值。同时，女性主义品牌可以参与女性教育培训、职业发展等领域的公益活动，为女性提供更多成长机会。

情感共鸣的深入探索。通过讲述真实、具有感染力的女性故事，展现女性在不同场景下的勇敢、独立和创造力。这些故事能够引起消费者的共鸣，使其与女性主义品牌产生情感连接。品牌可以积极参与女性权益相关的社会议题，为女性发声，赢得消费者的情感认同。运用人工智能、大数据等技术，为消费者提供个性化的互动体验，让品牌与消费者之间建立起更加紧密的联系。

■ ··

邓悦洁　詹璇　魏雅云　韩彩琼　项双辰：浙江大学女大学生领导力提升培训班学员。

求学求职还是被催婚，何去何从

陈禹杞　廖树仪　付艺楠　马爱举　李明静

根据民政部近十年公布的数据，我国结婚人数自 2013 年达到 1346.9 万对后，已连续 9 年呈下降趋势。我国 2022 年的结婚人数与 2013 年最高峰相比，下降了 49.3%，下降幅度近半。2020 年我国男性的平均初婚年龄为29.38 岁，女性为 27.95 岁，较 2010 年分别上升了 3.63 岁和 3.95 岁。结婚人数下降的一个重要原因便是晚婚人群的增加。女大学生作为已经或即将面临婚姻选择的群体，对我国的平均初婚年龄产生重要影响，继而影响结婚率与生育率。

近几年，网络上不断出现的家暴、出轨等负面信息，直接引发了未婚女性对可能出现的不幸婚姻的恐惧，因此她们在面对婚姻选择时更加慎重。此外，当代女性独立自主的能力越来越强，婚姻不再是女性安身立命的必需品，所以许多女性在选择伴侣时会综合考虑经济基础、外貌、家庭背景等多方面原因，提高择偶要求，这也使得男女双方进入婚姻的门槛更高。

在我国平均初婚年龄上升的大背景下，许多未婚女性的父母的认知还局限于以往的个人经历，他们认为婚姻意味着安定踏实。因此，他们出于"为你好"的心理，常常会催婚。另外，在许多父母眼里，女性一定要在合适的年龄段进行生育未来才能有保障，获得圆满人生，因此把婚姻作为生育的前提条件也就最具迫切性。其他长辈也会在各种场合对女性"旁敲侧击"地催婚。这意味着女大学生在面对学习和未来就业压力的同时，还要面对一份"温暖"的压力。

一、关于女性被催婚的调研

我们通过调研不同年龄段、不同学历背景下的女性被催婚的情况，探究当代女性思想与婚姻观的变化，揭示女性婚恋意愿低的原因，并寻找解决"催婚"这一代际冲突的途径，探索子女与父母在婚姻问题上更成熟的对话方式，为解决女性求职求学与被催婚的代际冲突提供新的思路。

本次调研共计回收问卷 145 份，包括 105 名女性与 40 名男性。其中，调研女性的年龄跨度从 18 岁至 30 岁，主要集中于 26 岁以下；调研女性的学历覆盖大专、本科、硕士及以上，其中本科学历占比为 64%；调研女性的身份主要为学生，占总人数的 84.7%，其次是固定职业者（13.3%）、自由职业者（1.9%）。

（一）女性被催婚现象统计

调研中，我们发现年龄与学历是女性被催婚的两大主要因素。从年龄来看，26 岁以上的女性被催婚情况更普遍，达到 100%；22—26 岁之间的女性有 41.2% 经历过被催婚；而 22 岁以下的女性被催婚情况较少，为 10.2%。从学历来看，硕士及以上学历女性被催婚比例大于本科，一方面与女性年龄增长有关，另一方面仍有许多对高学历女性不友好的声音，认为女性学历越高越难寻找另一半，因此催婚也更加频繁。

调研发现，家乡地理位置对催婚略有影响。家乡在省会城市及新一线城市的女性，被催婚的占比为 60.9%；家乡在二线城市及以下的女性，被催婚的占比为 72.5%。就家庭情况而言，独生子女的被催婚比例（34.1%）略高于非独生子女（26.2%），这可能是由于独生子女在家庭中集中了所有的关注度，其婚姻问题也更加容易被父母操心。

根据调研结果，女性最常经历的催婚方式主要表现为父母言语唠叨（52.4%）、安排相亲（25.1%）、发动亲朋好友"助攻"（15.7%）、去相亲角（5.2%），甚至有少数父母会采取暴力手段逼迫（1.6%）。对于父母亲戚的催婚原因，包括担心子女以后没有依靠（28.5%）、将子女婚姻视为自己的任务（19.5%）、担心子女年龄（19.1%）、想早点抱孙子孙女（15.7%）等。不难发现，父母的催婚主要还是出于对子女的关心，希望子女将来能老有所依，这也是典型的中国式父母心理。

（二）女性对催婚的态度及其择偶观调查

面对长辈的催婚，超半数的女性（54.3%）态度为排斥或非常排斥，有37.1%的女性持中立态度，仅有8.6%的女性不排斥或完全不排斥。在女性通常采取的做法方面，包括说服长辈不要催婚（41.1%）或者冷处理（38.4%），部分女性会选择按照长辈的意愿找对象（11.6%），甚至考虑"租"对象带回家（3.4%）。

大部分女性理想结婚年龄为 28—30 岁（42.9%），其次为 24—27 岁（33.3%），有23.8%的女性希望结婚年龄在 30 岁以上。而父母理想的结婚年龄更加年轻化，有60%的调研女性表示父母希望其在 24—27 岁结婚，其次为 28—30 岁，甚至有 2.9%的父母希望子女在 20—23 岁结婚。子女和父母理想结婚年龄的不同也是导致催婚冲突的一大重要原因。

在择偶观方面，一致的价值观、有经济基础与物质保障、爱情基础排名前三，仅有9.9%的女性和7.1%的女性把家人满意和家乡相近列入结婚对象的必备条件。这也说明，当代女性在选择另一半时，更加注重自身的感受及对方的条件，而对家人的看法以及家乡是否相近不是很在意，反映了当代女性更加突出的自主性。此外，调研中也可以发现，女性更加注重自身的发展，关注个体的成就感、兴趣与归属感，关注与另一半的互动、交流以及婚后物质保障。

二、求学求职与被催婚

（一）女性的自我提升

自我提升理论是在各种人格理论的基础上建立起来的，它是个体更加倾向于积极评价自我的一种现象。Tesser 的自我评价维护模式指出，个体在与亲密关系的人进行上下行比较时会产生积极或者消极的情绪，因此自我提升带来的价值感、经济效益以及社会效益的分析都与环境密不可分。

自我提升带来的价值感。自我价值感是指个体看重自己，觉得自己的才能和人格受到社会重视，在团体中享有一定地位和声誉，并有良好的社会评价时所产生的积极情感体验。对于女性来说，良好的自我价值感的实现能够推动女性心理的健康成长。但在现实中，女性无论是在职场、家庭还是学校，时常处于低价值感的状态，而自我提升会让女性获得认可、受到重视，收获积极评价，推动女性的健康成长。例如，对于全职妈妈来说，虽然没有进入社会就业，但不能形成学习的空白期，要把家庭作为"主战场"，汲取各方面的知识，不断地学习技能，提升对孩子的教导能力，成为孩子学习的榜样。

自我提升带来的经济效益。拥有金钱的数量，反映人们的富裕水平，会影响人们的消费习惯和行为。拥有财富越多的人，会偏好有利于自我的消费行为，更愿意选择有利于自我发展或提升的消费选项。同时，自我提升也会为个人带来经济效益，主要有以下几个方面：学习和提升技能、在人际关系方面提升自己、提升沟通能力、养成良好习惯、提升学习能力，等等。

自我提升带来的社会效益。个人的自我提升有利于竞争力的提高，帮助个人更好地适应社会发展，同时也会推动社会的发展。自我提升可以在以下几方面带来社会效益：它有助于提高社会文化素质，有助于提升全体社会公民的素质，有助于创造更高的社会价值。一个人不断地提升自己的知识、能力、体魄等素质，为社会创造价值，满足了社会需求，再从社会那里得到尊重和满足，感受自己存在的意义。同时，社会的进步也可以为自身发展提供更好的机会，帮助个人更好地发展。两者相辅相成，相互促进。

（二）女性婚恋意愿低的原因

全国各地公布的 2022 年婚姻登记数据显示，初婚年龄在 30 岁左右，且还有进一步提高的趋势，这也表明当今社会人们的婚恋意愿在不断下降。结合女性个人、职业以及社会因素，我们认为女性婚恋意愿低有以下几方面原因。

一是个人对亲密关系的不信任。随着女性自主意识不断觉醒，不再是从前"夫为妻纲"的观念，女性对亲密关系也有了更多思考。网络等新媒体技术的发展，也在不断影响着人们的婚恋观念，尤其是诸多关于婚姻的负面报道，让女性对亲密关系不再那么信任了。

二是职场环境下的婚育歧视。女性在职场中是一个弱势的代名词，虽然保护职场女性权益的活动和相关法律法规的颁布一直在进行，比如《工作场所女职工特殊劳动保护制度（参考文本）》于 2023 年 3 月 8 日首次发布，但生理性的差别依旧导致职场中女性受到更多歧视。研究表明，大多数企业在招聘时会更愿意选择男性。女性在职场中遭到歧视，主要是因为其担负着生育的重大责任，让用人单位不得不从经济利益角度考虑，从而排斥女性。此外，研究表明，女性在 25—29 岁怀孕时，孩子早产的风险最低；在 26—30 岁时，不良妊娠结局（低出生体重儿等）风险最小。而女性最佳生育年龄也是大多数女性事业发展的黄金时间。接受了高等教育的现代女性，大部分拥有独立的意识，想在事业上取得一番作为，不愿意为了婚恋和生育而牺牲自己的事业。

三是社会环境下的高婚育成本。随着人们生活水平的不断提高，当代人在结婚生子过程中的经济压力也越来越大，恋爱和婚姻已经不是单纯的情感问题。作为在家庭中"主内"的女性而言，教育孩子面临着巨大的经济压力。我国的儿童教育成本大幅度提升，很多家庭已经不能承受这份压力。结婚前，女性可以将时间和金钱用于投资和提升自己；结婚后，女性却不得不将重心从自己转移到家庭和孩子上来，这种反差也会降低女性婚恋的意愿。

三、如何解决代际冲突困境

（一）理解不同时代背景下的想法差异

传统的婚姻文化以其潜在力量影响着青年群体的个体选择和婚姻行为，文化观念会通过不同的社会关系对青年群体的婚姻行为施以影响。"一个人在什么时候就应该做什么事"，这是青年群体在催婚中经常听到的语言。美国学者埃尔德从学术角度提出了"个体在一生中会不断扮演社会规定的角色和事件，这些角色或事件的顺序是按年龄层级排列的"观念，埃尔德认为年

龄层级表达的也是一种社会期望。这也是理解婚姻的一种视角。婚姻不仅是
个人的选择、家庭的构建，也承担着社会期望。

催婚现象直接产生于家庭间的代际冲突，理由有四点：一是婚姻社会意
义的分化，传统婚姻被中国人赋予了重要意义，承担着人口繁衍、促进家庭
发展、维系社会持续稳定的重要作用。二是婚姻保障功能的变迁，传统婚姻
对个人尤其是女性具有重要的保障功能，因为在传统社会，家庭劳动为体力
劳动，女性相较于男性来说不占优势，到了年老时又需要儿女照顾，所谓
"养儿防老"也是如此；但在现代社会，婚姻保障功能有所弱化，现代社会
更加依赖于国家社会的保障体系去养老，从而产生了对婚姻功能认知的代际
差异。三是不同的家庭与幸福观念，老一辈人重视家庭的完整与发展，认为
家庭和睦、子女孝顺即是最大的幸福；而对于当代年轻人，个人体验的幸福
才是真正的幸福，两代人的幸福观念存在分歧进一步影响了对婚姻的看法。
四是年龄的符号意义，老一辈人认为到了结婚的年龄就该结婚，他们可能并
没有认真思考为什么要催促子女结婚，这一行为的产生完全是出自日常生活
的习惯；对于年轻人来说，刚刚毕业工作便马上要进行婚姻这一步骤，颇有
些"马不停蹄"的意味。催婚不分男女，催婚的普遍化是一个现代性问题，
这一现象的产生不仅是男女性生命时间表的错位，还深刻地产生于社会环境
的变迁，以及社会转型过程中社会期望与个体选择的分裂。

（二）自我：着眼当下，提升自我幸福感

发源于传统社会的婚姻观念正遭遇现代社会的挑战，特别是职业社会发
展、现代女性主义的兴起、福利制度的完善、对情感体验的追求、对家庭依
赖的摆脱以及家庭结构的小型化、核心化、多元化等，都对现代社会的婚姻
观念产生了显著影响，婚姻的社会意义也正在发生一系列重要变化。瑞士苏

黎世大学和荷兰拉德布德大学发表在《人格与社会心理学公报》上的一项研究表明，人若想要得到幸福，体验愉悦、享受生活的能力和自我控制力一样重要。自我控制不仅体现在对自己人生的把控，也包括对自己情绪的控制，对来自社会家庭压力的理性应对。对于年轻女性，最重要的是厘清自己对婚姻的态度和看法，着眼于当下，过好自己的生活。

（三）代际：与父辈平等沟通、换位思考

催婚的背后，隐伏着两代人的交流困境。对于青年人而言，认识和理解与父辈的观念差异，与其加强沟通和交流，有助于缓解父辈的焦虑。部分年轻人先入为主地断定"说了也不懂""说了也白说"，放弃将自己的生活境况、感情遭际跟父母做深入的交流。

对于父母而言，子女的成长离不开家庭亲密关系的支撑，父母的催婚行为不仅不利于问题的解决，反而会增加青年一代对婚姻的逆反心理和对家庭亲密关系的不信任。这需要一些父母也要改变"居高临下"的姿态，以一种更加平和的心态去理解体谅子女的生活现状。当双方都能够主动调适、积极沟通，"每逢佳节被催婚"才能够变成良性互动的契机。

对于社会而言，我们应当倡导积极乐观的家庭文化观念。正值适婚年龄的年轻人大多是独生子女，也是从互联网中成长起来的一代，特殊的成长环境让他们喜欢独处，高昂的房价和高强度的工作节奏，也劝退了不少年轻人结婚的考虑。

提高婚姻率，需要从法律、社会保障及个人心理层面为年轻人提供支持，特别是保障女性怀孕后的职场权益，减轻生育焦虑，主动关心青年人日常生活以及心理健康，引导青年人承担家庭责任，塑造温和包容的社会文化，帮助青年人走出婚姻困境。总之，面对中国社会特有的催婚现象，我们需要看

到当代青年尤其是女性青年面临的婚姻困境及其社会原因，选择理解和包容或许是解决冲突的重要出路。

陈禹杞　廖树仪　付艺楠　马爱举　李明静：浙江大学女大学生领导力提升培训班学员。

初探资本和消费视域下女性形象的内在张力

但汉玉　劳思琦　王雨薇

在消费主义盛行的今天，女性形象不仅是商品销售中的一大卖点，更是文化、社会价值观与个体身份认同的交汇点。随着时代的演进，女性在消费市场中的形象经历了从被传统观念定义到逐渐展现多元、独立和自我定义的转变。这一过程不仅反映了女性社会地位的提升，也揭示了消费者文化对女性身份认同的深刻影响。

服饰、美妆、时尚、体育和健身是女性最具代表性的典型消费品类，我们以时间为主轴进行纵向对比，对其广告、包装和产品描述进行内容拆解，可以了解其对女性形象的塑造和传达；同时，通过剖析产品理念的变迁，透视其背后所折射出的社会现象。

一、服饰类消费产品中的女性形象

服装初始的功能是御寒蔽体。随着人类文明程度的发展，它被赋予了装饰、表达等更多功能，穿衣"悦人"的法则潜移默化地影响着人们的购物选择。近年来，"悦己消费"的思维逐渐成为消费市场的一种趋势。这种思维强调消费者在购买商品时，更多是出于满足自己的需求和喜好，而非仅仅为了取悦他人或符合某种社会标准。在服饰类消费产品中，这一思维表现为消费者更加注重服装的舒适度、个性化和自我表达，而非仅仅追求外观的华丽或时尚。

（一）我的身材由我定义

Brandy Melville（BM）作为一个在全球范围内备受瞩目的时尚品牌，其独特的"一码适合所有"营销策略一直是公众讨论的焦点。该策略的核心在于，BM绝大部分售卖的产品仅提供S码，即适合腰围约为25寸腰围的苗条身材。这一策略不仅为品牌带来了独特的市场定位，同时也引发了对女性形象、身材焦虑以及消费文化等议题的深度思考。

BM"一码适合所有"的产品定位和营销策略，从表面上看似乎为那些追求苗条身材的消费者提供了极大的便利。由于所有产品均为同一尺码，消费者无需在选购时纠结于尺码的选择，可以更加专注于服装的款式和搭配。这种策略在一定程度上提高了消费者的购物效率和满意度，也为品牌带来了独特的竞争优势。然而，这也限制了其客户群体的扩展，更制造了对苗条身材过度追求的身材焦虑。网络疯传的"BM女孩身高体重对照表"，仔细看其对苗条身材的数据要求，着实过于严苛，很多已经非常苗条的女生为了穿上"BM风"衣服都开始减肥，一度引发极不健康的减肥之风。

因此，BM的"一码适合所有"策略，在塑造女性形象方面也引发了广泛的争议。一方面，该策略强调了苗条身材的重要性，将女性形象塑造成以瘦为美的标准。这种形象塑造不仅加剧了女性的身材焦虑，也限制了女性对自我价值的认知和表达；另一方面，该策略也引发了关于消费文化对女性形象的影响的讨论。品牌通过塑造特定的女性形象，引导消费者产生特定的消费行为，进一步巩固了社会对女性形象的刻板印象和歧视。

（二）每一种身材都很美

2023 年 6 月中旬，凯度携手谷歌发布《Google × Kantar BrandZ 中国全球化品牌 2023》报告，其中，内外（NEIWAI）以其独特的品牌理念和全球化的视野，成功入选"中国全球化品牌 50 强"和"中国全球化品牌成长明星"。这一荣誉不仅是对内外品牌的认可，更是对其在塑造女性形象、倡导多元审美方面所做努力的肯定。

2020 年，内外（NEIWAI）首次公开发布第一季春夏大片，主题定为"NO BODY IS NOBODY"。短片以"TO THE TRUE BODY"为开篇，中文名为《致我的身体》，旨在向每一位女性传达接受自我、珍视自我身体的观念。短片通过一系列真实而动人的画面，展现出不同身材、不同年龄、不同背景的女性形象。她们没有展示传统意义上的"理想"身材的模特，而是使用不同的身材特点的模特，用动感十足的纯音乐搭配静默的画面，人物自白以无声的字幕形式出现，句句文案都表示出每位女性的异于世俗的态度和个性十足的观点。平胸、大胸、年老、妈妈、肚腩、疤痕……这些在传统审美中被视为"不美"的元素，在内外（NEIWAI）的镜头下却变得自然、真实又美好。短片中的女性没有世俗意义上的"理想"身材，却懂得悦纳自我，不迎合他人的要求，坦然接受自己的身材特点，展现出一种前所未有的自信与力量。这与层出不穷的 A4 腰、漫画腿、蜜桃臀等女性身体审美"标准"背道而驰。内外（NEIWAI）通过这部短片，向大众传递了一种全新的审美观念：没有一种身材是微不足道的。这些视频中的女性不打算减肚腩，也不试图隐藏疤痕，除了自己不讨好任何人，即便是观众也无所谓。

在短片中，内外（NEIWAI）还通过无声的字幕形式，让每一位女性用自己的话语来表达态度和观点。这种形式不仅增强了短片的感染力和传播力，也让女性更加深入地感受到了品牌的关怀和尊重。通过这部短片，内外（NEIWAI）成功地塑造了一种积极、健康、多元的女性形象，赢得了众多女性的喜爱和支持。然而，正如文案所说，正视自己身体的过程并非坦途。在现实生活中，女性们往往面临着来自社会、家庭、媒体等多方面的压力和束缚。她们需要不断地调整自己的身材、容貌、行为等方面，以符合他人的期望和标准。这种压力和束缚不仅会让女性感到疲惫和焦虑，也会让她们逐渐失去自我和自信。

内外（NEIWAI）通过这部"NO BODY IS NOBODY"主题的短片，成功地传递了品牌的核心理念和价值观，赢得了广泛的社会认可和赞誉。它不仅仅是一次品牌宣传活动，更是一次对女性自我认同和自信的深刻探讨和倡导。

二、体育类消费产品中的女性形象

随着中国体育产业的快速发展，女性体育消费正成为重要的新增量。京东发布的《2020女性消费趋势报告》显示，大批女性开始参与各种体育运动，壁球、棒球、乒乓球、健美操、瑜伽等女性运动消费占比大幅提升。

尽管女性体育消费市场空间大，但许多运动品牌在过去并未关注女性的需求。一些运动品牌在对待女性消费者时，采用了"缩小尺码，换成粉色"的简单方式，忽视了女性异于男性的生理构造和运动场景，没有真正解决女性的痛点和需求。有近一半的女性消费者认为自己的需求会被忽略，或者是需要很费力地找到适合自己的产品或服务。

也有一些品牌例如Keep敏锐捕捉到了女性消费者的变化。在十年来的发展中，首先是针对女性用户的不同运动需求，推出了多种运动课程，如瑜伽、普拉提、舞蹈、塑形等，涵盖了从初级到高级的不同难度，满足了女性用户的多样化选择。同时，Keep 关注女性用户的审美需求和消费倾向，推出了与运动相关的服饰、配饰和美妆等产品，打造了一站式的运动生活方式品牌，满足了女性用户的时尚和品质追求。此外，Keep 还建立了活跃的女性社区，鼓励用户在社区中分享自己的运动数据、心得、照片等，与其他用户互动、交流、互助，形成了一个积极、健康、友好的氛围，增强了用户的归属感和忠诚度。可以看出，随着女性消费观念的转变，Keep 不再单纯强调运动的功利性，如减肥、塑形等，而是更多地强调运动的乐趣、自我表达和自我实现，如通过运动找到自己的兴趣、风格和态度，实现自我价值。

三、美妆类消费产品中的女性形象

在传统观念中，对女性的美有明确的设定，比如身体要白、净、瘦，谈吐要温柔，讲究低调的性感，这在一定程度上是取悦男性的审美。早期的化妆品广告中，很多女性被限定为积极附和、需要保护、接受男性的指导和帮助的消极形象。这种广告的角色定型和角色关系正是将女性广告形象置于被动、消极的弱势地位，女性是被保护、被欣赏、被评价的对象。而对现代女性来说，让自己舒服显然比取悦男性更为重要。

值得注意的是，许多新品牌正是依据这种女性新需求进行流量挖掘，贴合受众价值进行品牌价值的建立。越来越多美妆品牌开始注重展现女性的多样性和内在力量，一些品牌开始推出广告，强调女性的自信、独立和职业成功，而不仅仅是外在美。调研数据显示：在传统广告女性形象中，依附角色占 39.46%，独立个体角色占 60.54%；在近十年广告女性形象中，依附角色降到 3.7%，独立个体角色提升到了 96.3%。这种转变既意味着对女性的尊重和认同，也推动了社会对女性形象更为全面和客观的认识。

所以，品牌营销是指通过一系列策略和活动，提高品牌的知名度和美誉度，从而吸引更多的消费者。过程中，品牌通常会传达一种特定的价值观和文化观，以吸引目标受众，赢得消费者的青睐，不仅传递商品信息，还会在无形中塑造和传递其价值观。

四、讨论

经过讨论女性形象在消费市场中的变迁，我们可以发现市场捕捉到了女性消费市场的变化和潜力，并积极加入满足女性消费者需求的行列，女性形象已经从传统的柔弱、依赖的形象，转变为更加强调独立、自主和多元化的形象。随着消费者对品牌社会责任的关注度不断提高，以及女性觉醒思潮的涌现，越来越多的品牌开始关注性别平等问题。这些品牌通过推出一系列倡导性别平等的营销活动，提高消费者对性别问题的关注度，不仅有助于提高品牌的声誉，还有助于推动社会对性别问题的认识和理解。这种变迁反映了社会对性别角色的理解和期待正在发生变化，也反映了消费市场正在积极应对性别平等等社会议题。

然而，当进一步审视商业背景下的"女性形象"时，不禁要反思其背后更为复杂的性别建构问题。在服装、美容、运动等消费领域中，对女性的美化功能被赋予了更多的性别化色彩。福柯女性主义观点认为，消费话语是通过美容、减肥、健身等知识，使女性主体"自主地"进入到由市场主导的性别规范中。也就是说，女性减肥、塑形行为背后不一定是"自由"，还可能是身体规训。值得肯定的是，体育运动的参与的确强调了身体感受与自我价值。女性健身者通过肌肉发达的身体来消解传统性别规范对于柔弱女性身体的限定，女性健身甚至可以当作解构身体领域中男性霸权的手段。

　　总的来说，消费市场的女性形象变迁有一个复杂的过程，它既反映了社会的进步，也揭示了我们需要继续关注和努力解决的问题。只有真正关注女性的主体性和需求，才能实现真正意义上的性别平等和女性解放。

但汉玉　劳思琦　王雨薇：浙江大学女大学生领导力提升培训班学员。

后　记

在上一部《向光而行》出版之后的这近两年时间里，公众视野里又涌现了不胜枚举的杰出女性，有首位韩籍诺贝尔文学奖获得者韩江，有巴黎奥运会上石破天惊获金牌的郑钦文……正如上一部后记中所引的张桂梅校长的誓词：她们是高山而非溪流，她们于群峰之巅俯视平庸的沟壑。我们向着她们前进，是"向光而行"，然而要与这样光芒万丈的人杰"同行"，仿佛有些揽月摘星的不真实感。所以与光同行，是要成为自己的光——我们仰望星辰，也内观自我，修筑坚固而强大的内核。

第一部"向行"的"志气"和"勇气"，是对精神的解放；这一部"同行"的"坚守"和"坚定"，则是对信念的巩固。不是一定要成为人杰才具有"领导力"，能够掌握自己的人生之舵，伫立在社会舞台的幕前，已经是为女性的话语权多抢下了一个麦克风。力争上游自然更好，能够发出的声音将更加洪亮，但纵然渺小普通，不后退的每一步也都作数。

正如这十年来，浙江大学女大学生领导力提升培训班弦歌不辍的每一个音符并非都是高歌猛进，它也是由一点一点琐碎的工作组织起来，坚持下去，才最终成就了这个平台，提供给这些"抢下麦克风"的女性大声广播的频道。

在此要感谢：

感谢书中每一位愿意分享观点的嘉宾和作者，她们各自有繁忙的社会事务和工作，却愿满怀热忱针对文稿反复斟酌修改，积极配合，不厌其烦。

感谢为本书作序、长期以来关心支持中心发展的朱慧副书记。

感谢为本书写推荐语的黄先海副校长、胡海岚教授，出于对这本书的肯定和信任，不吝笔墨为其添光增色。

感谢经济学院、学工部、研工部对这项工作的支持，张子法老师、王义中老师、叶松老师、徐国斌老师等人都给予了重要的指导和帮助。

感谢本书编委也是我长期以来的工作伙伴梁艳、王璐莎、王赛男、沈艳、杨朗悦等，并肩耕耘，携手共进。

感谢浙大出版社的张琛、吴伟伟、马一萍老师，从《向光而行》到《与光同行》，一路以来离不开她们的精心指导和推介。

总之，感谢一直以来关心支持浙江大学女性职业特质研究与发展中心以及《与光同行》文集的所有领导、嘉宾、同事和师生，因为大家的信任、支持，我们才有前进的动力和今天的收获。

本书的共同作者超过50位女性，其中凝结的"女领"之成果具有的意义，远超越了文稿或观点的价值。这份试图照亮他人的心，是一种凝成"琥珀"的光芒，任时光荏苒也将始终温暖依然。

希望看到这里的你，能握住这块琥珀，留在属于你的牌桌上，打出一把漂亮的赢面。

卢飞霞

2025 年 1 月